SITZUNGSBERICHTE DER SÄCHSISCHEN AKADEMIE
DER WISSENSCHAFTEN ZU LEIPZIG

Mathematisch-naturwissenschaftliche Klasse
Band 112 · Heft 5

DIETRICH UHLMANN

MÖGLICHKEITEN UND GRENZEN EINER REGENERIERUNG GESCHÄDIGTER ÖKOSYSTEME

AKADEMIE-VERLAG · BERLIN
1977

SITZUNGSBERICHTE DER SÄCHSISCHEN AKADEMIE
DER WISSENSCHAFTEN ZU LEIPZIG

Mathematisch-naturwissenschaftliche Klasse
Band 112 · Heft 5

DIETRICH UHLMANN

MÖGLICHKEITEN UND GRENZEN EINER REGENERIERUNG GESCHÄDIGTER ÖKOSYSTEME

Mit 20 Abbildungen und 2 Tabellen

AKADEMIE-VERLAG · BERLIN
1977

Vorgetragen in der Sitzung vom 13. Februar 1976
Manuskript eingereicht am 4. Juni 1976
Druckfertig erklärt am 20. April 1977

Erschienen im Akademie-Verlag, 108 Berlin, Leipziger Straße 3—4

Lizenznummer: 202 · 100/532/77
Gesamtherstellung: VEB Druckhaus „Maxim Gorki", 74 Altenburg
Bestellnummer: 762 459 0 (2027/112/5) · LSV 1375
Printed in GDR
DDR 6,50 M

INHALT

Einführung 5

1. Die Zeitkonstanten der Ökosysteme als Grundlage für Korrekturmaßnahmen 9
   1.1. Physikalische Prozesse 9
   1.2. Biologische Prozesse 12
   1.3. Zeitlicher Verlauf der Degradierung und Regenerierung . . 18

2. Rekultivierung von Bergbaufolgelandschaften 29

2. Restaurierung von eutrophierten Seen 36

4. „Einheit von Ökologie und Ökonomie“ 43

Literatur 46

Einführung

In hochentwickelten und dichtbesiedelten Industrieländern wie der DDR erreicht die Inanspruchnahme von Boden, Wasser und Luft für die industrielle und landwirtschaftliche Produktion sowie für den Wohnungs- und Verkehrsbau ein außerordentlich hohes Ausmaß. Damit verbunden ist eine starke Belastung der Umwelt durch Produktions- und Konsumtionsabfälle. Von Jahr zu Jahr sind höhere gesellschaftliche Aufwendungen erforderlich, wenn verhindert werden soll, daß notwendige Investitionsmaßnahmen nicht auch unbeabsichtigte Neben- und Folgewirkungen nach sich ziehen, welche die Lebensbedingungen der Bevölkerung verschlechtern.

Ein Ökosystem ist ein Wirkungsgefüge von Organismengemeinschaften und Umweltfaktoren, das bis zu einem gewissen Grade in der Lage ist, sich selbst zu regulieren.

Beispiele für Ökosysteme: ein Binnensee, ein Korallenriff, ein Trockenrasen auf einem Berghang. Mit der Beschreibung des Verhaltens von Ökosystemen befaßt sich eine naturwissenschaftliche Disziplin, die Ökologie. (Dieser Begriff wird im folgendem nur in diesem Sinne gebraucht, nicht, wie von manchen nordamerikanischen Autoren, als Synonym für „Umweltwissenschaft".) Damit ist gleichzeitig der Rahmen des vorliegenden Beitrages abgesteckt.

Unsere Land- und Forstwirtschaft bedient sich künstlicher Hochleistungs-Ökosysteme, um hohe Erträge zu erzielen. Diese Systeme werden bewußt extrem artenarm gehalten. Ihre Stabilität kann daher nicht, wie in natürlichen, artenreichen Ökosystemen, durch eine große Anzahl von Verknüpfungen und Rückkopplungen aufrechterhalten, sondern muß durch künstliche Maßnahmen wie z. B. intensive Bodenbearbeitung, Düngung sowie Einsatz von Pflanzenschutz- und Schädlingsbekämpfungsmitteln gewährleistet werden (vgl. ODUM 1971). Es kann andererseits keinem Zweifel unterliegen, daß angesichts des hohen Stellenwertes, den in unserer Gesellschaftsordnung die Gesunderhaltung und das Wohlbefinden der Menschen sowie die Sicherung der Existenzbedingungen für künftige Generationen einnimmt, neben den ausgesprochenen Produktionsflächen auch andere Ökosysteme erhalten oder neu geschaffen werden müssen, die in erster Linie solchen Funktionen wie der Erholung der Menschen oder der Trinkwassergewinnung dienen und dabei auch bestimmten ästhetischen Gesichtspunkten gerecht werden müssen. (Derartige Ökosysteme zeichnen sich jedoch durch Reichtum an Organismenarten und — dadurch bedingt — durch eine relativ geringe Produktionsleistung aus). Auch solche „naturnahen" Ökosysteme bedürfen heute auf Grund ihrer Insellage zur Sicherung ihres Bestandes besonderer technischer Maßnahmen, wenn eine Belastung durch Abprodukte oder eine ganz unbeabsichtigte „Mitbehandlung" durch Verdriftung von Pflanzenschutz- und Schädlingsbekämpfungsmitteln oder Mineraldünger aus intensiv genutzten Flächen auf das geringe Maß reduziert werden soll, der für ihre Erhaltung erforderlich ist. Besondere Anstrengungen erfordert gegenwärtig die Erhaltung von Naturschutzgebieten und von Klarwasserseen. In diesem Zusammenhang ist zu beachten, daß manche Naturschutzgebiete sich erst unter dem Einfluß des Menschen entwickelt haben. Dies gilt z. B. für artenreiche Gebirgswiesen, deren Erhaltung an eine extensive Bewirtschaftung (einmalige Grasmahd pro Jahr) gebunden ist.

Das Problem, daß die Belastbarkeitsgrenzen der naturnahen Ökosysteme bereits erreicht oder überschritten werden, spielt heute im weltweiten Maßstab eine große Rolle. Im folgenden einige Beispiele für die Devastierung von Ökosystemen:

— vom Menschen verursachte und beschleunigte Austrocknung von Land-Ökosystemen. Hierzu gehören die Prozesse der Wüstenbildung sowie der Wasser- und Winderosion, hervorgerufen durch falsche Bewirtschaftungsmaßnahmen

— Belastung der Binnengewässer (einschl. des Grundwassers) mit konservativen (nicht- oder schwer abbaubaren) organischen Substanzen, toxischen Schwermetallen und sauerstoffzehrenden Verbindungen. Von den in der DDR vorhandenen größeren Fließgewässern können gegenwärtig mehr als 80% nicht für anspruchsvolle Nutzungen wie z. Br Trinkwasserversorgung oder Baden vorgesehen werden, weil sie sehr stark oder stark als „Vorfluter" für ungenügend gereinigte Abwässe. in Anspruch genommen werden. In der DDR steht einem hohen Anteil „abproduktintensiver" Industriezweige (Zellstoff, Braunkohlenveredlung, Chemie, Kali, Intensivhaltung von Haustieren) ein relativ geringes natürliches Wasserdargebot gegenüber, so daß Abwassereinleitungen sich infolge Mangels an Verdünnungswasser sehr stark bemerkbar machen.

- Überdüngung der stehenden und gestauten Binnengewässer sowie von Binnenmeeren (Ostsee) und Meeresbuchten. Diese sog. Eutrophierung äußert sich u. a. in unerwünschten Massenentwicklungen von Phytoplanktern und festsitzenden Wasserpflanzen sowie im schnellen Verschwinden des für das Gedeihen von Fischen und eine kostengünstige Gewinnung hochwertigen Trinkwassers erforderlichen Sauerstoffs im Tiefenwasser stehender Gewässer.
- Durch Abwassereinleitungen bedingter Rückgang der Großalgen-Bestände (Tange) und Korallenriffe in küstennahen Meeresgebieten
- Versauerung von kalkarmen Seen und Fließgewässern durch zu hohen Gehalt des Niederschlagswassers an Schwefelsäure. Dabei handelt es sich überwiegend um Gewässer, die für eine Bewirtschaftung mit Lachsfischen in Frage kommen (z. B. Skandinavien, Kanada, Erzgebirge, vgl. BEAMISH 1974, PEUKERT u. PANNING 1975).
- Entstehung von Bergbaufolgelandschaften mit lebensfeindlichem Charakter (hoher Gehalt an Schwermetallen oder Schwefelsäure) der oberen Bodenschichten.

Das Verhalten eines Ökosystems kann nur dann richtig verstanden werden, wenn man sich vergegenwärtigt, daß es ein Ergebnis der Evolution im Sinne DARWINS repräsentiert. Der wissenschaftlich-technischen Revolution liegt ein anderer Zeitmaßstab zugrunde als der Evolution der Organismen. Obwohl die Rassen-Vielfalt der Haustiere und Nutzpflanzen eindeutige Beispiele für eine vom Menschen bewußt gelenkte Evolution liefert, ist doch die Zahl der Arten, die sich an eine Belastung der Umwelt mit Abprodukten industrieller Herkunft anpassen konnten, sehr gering im Vergleich zur Gesamtzahl jener Arten, die in den letzten hundert Jahren verschwunden sind oder die noch verschwinden werden. Ausnahmen wie die im Verlaufe von Jahrhunderten erworbene Resistenz höherer Pflanzen in den Gattungen *Armeria*, *Silene* und *Minuartia* gegen Schwermetalle (SCHUBERT 1954), wie die erst vor etwa 130 Jahren entstandene dunkle (melanistische) Form des Birkenspanners *Biston betularia*, dessen Überlebensrate durch den fehlenden Kontrast zu rauchgeschwärzten Baumrinden erhöht wird (STUBBE 1975), sowie die erstaunlich hohe Anpassungsgeschwindigkeit von Krankheitserregern, Schädlingen und Unkräutern an die chemischen Verbindungen, die zu ihrer Bekämpfung entwickelt wurden (Abb. 1), ändern nichts an der Tatsache, daß bei Organismenarten und Ökosystemen, deren Erneuerungsrate sehr gering ist, die Gefahr einer raschen Ausrottung besteht. Artenreiche Ökosysteme, die für ihre Entwicklung z. T. Jahrmillionen benötigten (z. B. Korallenriffe, tropische Regenwälder), können daher nicht durch gleichwertige künstliche Systeme ersetzt werden.

Man kann nur auf den bereits bzw. noch vorhandenen Bestand an Tieren und Pflanzen zurückgreifen und die großen Möglichkeiten, über welche die Technik verfügt, auch bewußt für den Schutz von natürlichen Ökosystemen

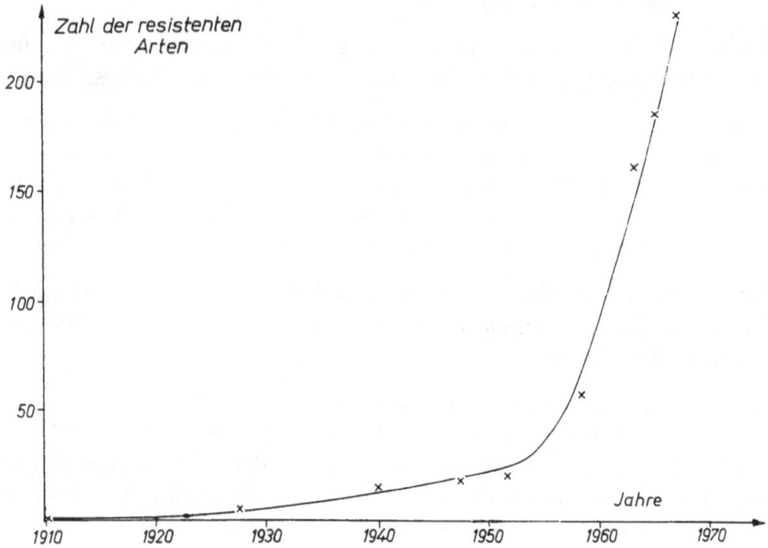

Abb. 1. Zunahme der Artenzahl von pflanzenschädigenden Insekten und Milben, die gegen ein oder mehrere Schädlingsbekämpfungsmittel resistent sind. Aus HASLER (1972), s. a. FRITZSCHE (1974)

einsetzen. Diese stellen nicht auf Grund einer hohen Produktionsleistung, sondern auf Grund ihrer Mannigfaltigkeit an Pflanzen- und Tierarten Naturreichtümer dar, deren Erhaltung geboten ist. Diese Mannigfaltigkeit ist gleichzeitig eine außerordentlich wertvolle, erst zum geringen Teil erforschte Sammlung von optimierten Bau- und Funktionsprinzipien, die als Vorbilder für die Lösung technischer Probleme dienen können, sowie von Merkmalen, die für die Züchtung neuer Arten von Nutzpflanzen und Nutztieren von großer Bedeutung sind. Außerdem ist es wichtig, die natürlichen Feinde (Insektenparasiten und Raubinsekten) der für die Kulturpflanzen schädlichen Insekten und Milben als „Reserve“ für Maßnahmen einer biologischen Schädlingsbekämpfung zu erhalten. Diese Arten reagieren auf den Einsatz der üblichen Schädlingsbekämpfungsmittel viel empfindlicher als die Schadinsekten, sind daher vom Aussterben bedroht. Sie können ohne ihre Umwelt nicht vor dem Verschwinden bewahrt werden (MÜLLER 1974).

1. Die Zeitkonstanten der Ökosysteme als Grundlage für Korrekturmaßnahmen

Die Erfahrung hat gezeigt, daß eine nachträgliche Reparatur geschädigter Ökosysteme weit höhere Kosten verursacht als eine prophylaktische Verhütung von Schäden im Sinne einer vorausschauenden Planung. Aber auch bei einer Regenerierung besteht meistens der verständliche Wunsch, daß der Erfolg der eingeleiteten Maßnahmen möglichst bald sichtbar werden soll. Der Erfolg hängt aber primär vor allem von den Zeitkonstanten des Ökosystems ab. Die Zeitkonstanten sowie der Grad der Störanfälligkeit und Belastbarkeit müssen deshalb bei der Abschätzung des Aufwandes, der für die Regenerierung eines Ökosystems erforderlich ist, von Anfang an berücksichtigt werden.

Die Geschwindigkeit, mit der Ökosysteme auf Änderungen der Belastung reagieren, ist vor allem eine Funktion ihrer physikalischen und ihrer biologischen Struktur.

1.1. Physikalische Prozesse

Die Kenntnis der Stoffmenge, die durch Transportvorgänge aus einem Ökosystem pro Zeiteinheit entfernt werden kann, ist von großer Bedeutung für die Beurteilung der Zeitdauer, die nach Ausschaltung der Verunreinigungsquelle benötigt wird, bis sich im Stoffbestand ein neues Gleichgewicht einstellt. Dies soll am Beispiel des Rückganges einer gelösten, nichtabbaubaren Substanz für die verschiedenen Typen von Gewässern veranschaulicht werden (Abb. 2). In einem schnellfließenden Gewässer ist die Erneuerungsrate des Wasserkörpers so groß, daß ein Belastungsstoß (z. B. mit einer nichtabbaubaren, gelösten Substanz) schon im Verlauf von Stunden oder Tagen auf wenige Prozent der Ausgangskonzentration reduziert wird. Hingegen beträgt die theoretische Verweilzeit des Wassers in vielen Seen mehrere Jahrzehnte, in manchen sogar Jahrhunderte. Für eine Ausdünnung einer nichtabbaubaren Substanz auf 1% der Ausgangskonzentration ist das 4,9fache der mittleren theoretischen Verweilzeit des Wassers erforderlich. Dies ergibt z. B. für viele Seen in der DDR einen theoretischen Zeitbedarf von mehr als 100, für den Baikalsee sogar von fast 2000 Jahren. Man erkennt, daß die zu berücksichtigende Zeitskala nicht weniger als 6 Größenordnungen umfaßt, und daß offensichtlich an die Reinhaltung der stehenden Gewässer insofern noch weitaus strengere Maßstäbe angelegt werden müssen als an die der Bäche und Flüsse, als eine weitgehende Regenerierung oft außerordentlich lange Zeiten beansprucht.

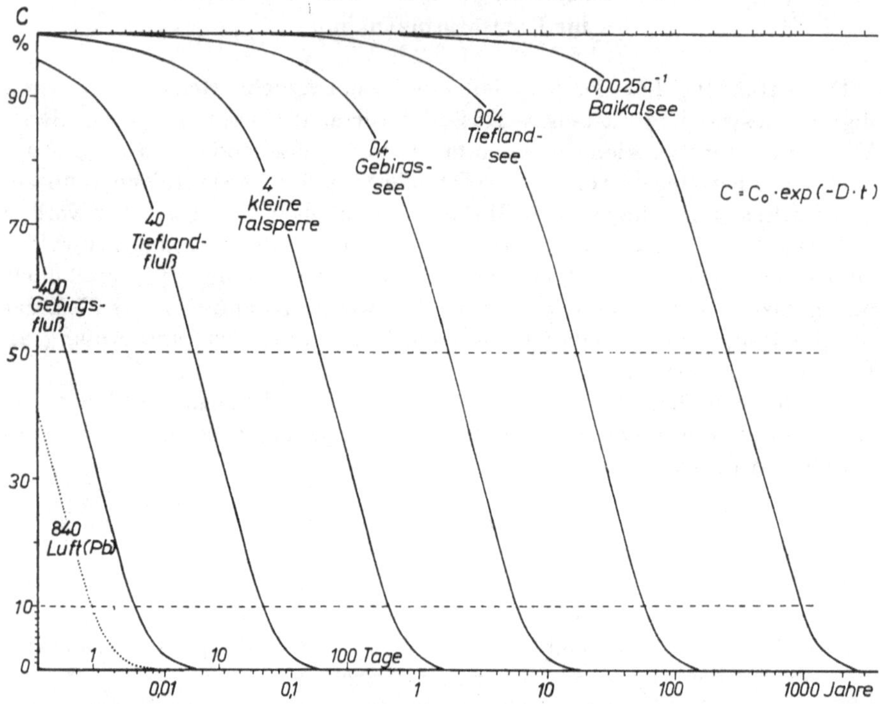

Abb. 2. Größenordnungen der theoretischen Erneuerungsrate D des Wasserkörpers einiger hydrischer Ökosysteme. — Zum Vergleich: hypothetischer Verlauf der Ausdünnung einer Luftverunreinigung (Blei aus Abgasen) in einer Großstadt an einem verkehrsfreien Sonntag (nach Meßwerten von Georgii 1974)

Erwähnung verdient in diesem Zusammenhang auch der Gesichtspunkt, daß schnellfließende Gewässer „stark offene" Systeme darstellen, in denen nach Erhöhung oder Verringerung der Belastung Wasser der ursprünglichen Beschaffenheit in kürzester Zeit durch Wasser der neuen Beschaffenheit verdrängt bzw. ersetzt wird. Insofern ähnelt der Fluß einem Tubular-(Pfropfstrom-)Reaktor. Hingegen läßt sich ein See mit geringem Wasserdurchsatz im einfachsten Falle (bei Vollzirkulation) mit einem Rührkessel-Reaktor (Mischreaktor) vergleichen. Dies bedeutet, daß eine vom Zeitpunkt t_0 an ständig zugegebene Substanz sofort gleichmäßig im gesamten Wasserkörper verteilt wird, und daß ihre Konzentration dort nur relativ langsam ansteigt. Genau so lange dauert es aber, bis sich der See endgültig auf eine verringerte Belastung eingestellt hat.

Bei Substanzen, die durch echte oder sorptive Bindung im Bodensediment eines Sees festgelegt werden können, hierzu zählt z. B. das gelöste Orthophosphat, kommt eine Zunahme der Nährstofflast zunächst überhaupt kaum in einer Erhöhung des PO_4-Gehaltes im Wasserkörper zum Ausdruck. Dieses Pufferungsvermögen kann über Jahrzehnte erhalten bleiben und das wirkliche Ausmaß des bereits eingetretenen Schadens verschleiern (Abb. 3).

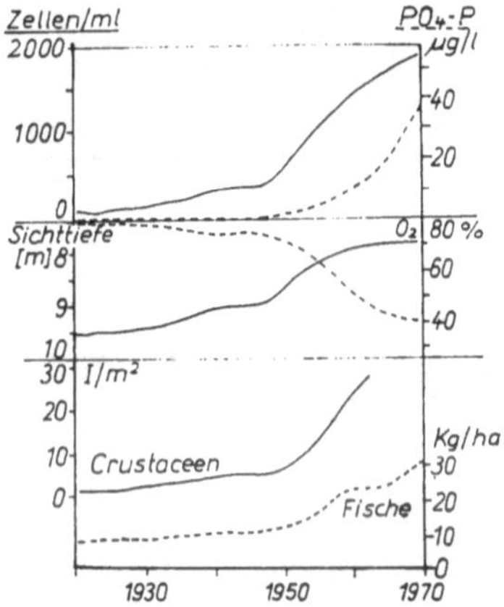

Abb. 3. Zeitliche Änderung von Kriterien der Wasserbeschaffenheit und der Bioaktivität im Bodensee. Die dargestellten Trends zeigen die Zunahme der Eutrophierung. Nach LEHN (1975), verändert

Ist jedoch das Phosphorbindungsvermögen des Bodensediments erschöpft, nimmt der PO_4-Vorrat im Wasserkörper viel schneller zu, als dies allein auf Grund des laufenden Importes zu erklären wäre. In diesem Stadium kann der nunmehr bereits fortgeschrittene Eutrophierungsprozeß nur mit einem hohen Aufwand gebremst oder rückgängig gemacht werden. Selbst wenn jetzt durch Sanierungsmaßnahmen im Einzugsgebiet die PO_4-Belastung der Zuflüsse auf einen geringen Wert reduziert wird, wirkt nun das Bodensediment noch über lange Zeit als ein Speicher, der Orthophosphat an das Wasser abgibt.

1.2. Biologische Prozesse

Neben den physikalischen und physikochemischen verdienen auch die biologischen Zeitkonstanten große Beachtung. Mikroorganismen organisch verunreinigter Gewässer sind so schnellwüchsig, daß sie sich binnen weniger Tage an eine erhöhte oder verringerte Belastung anpassen können (UHLMANN u. CRAMER 1975), Abbildung 4. Bei den meisten höheren Wasserorganismen beträgt jedoch die Generationsdauer Monate, Jahre oder, wie z. B. bei der Flußperlmuschel, sogar mehrere Jahrzehnte. Wenn die Wahrscheinlich-

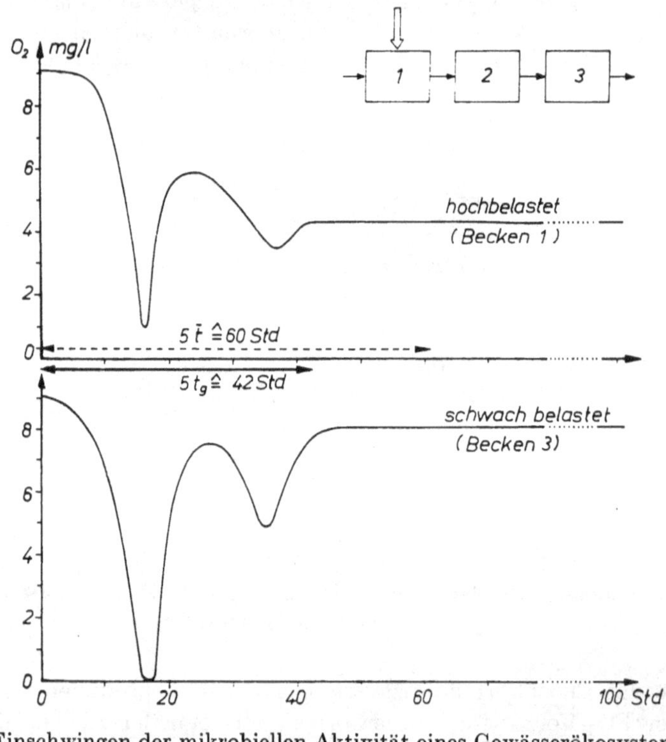

Abb. 4. Einschwingen der mikrobiellen Aktivität eines Gewässerökosystems (Labormodell einer abwasserbelasteten Fließstrecke) auf einen neuen Gleichgewichtszustand. Der (kontinuierlich gemessene) Sauerstoffgehalt kennzeichnet das jeweilige Verhältnis zwischen sauerstoffverbrauchenden und -eintragenden Prozessen. Zum Zeitpunkt $t = 0$ Beginn der kontinuierlichen Zugabe eines Modellabwassers. $\bar{t}$ = mittlere theoretische Verweilzeit des Wassers im betreffenden Becken. t_g = Verdopplungszeit des Bestandes an freisuspendierten Bakterien. Nach Zahlenangaben von CRAMER (1975)

keit einer unbeabsichtigten Stoßbelastung eines im übrigen wenig verschmutzten Baches mit toxischen Substanzen, z. B. Rückständen von Schädlingsbekämpfungsmitteln, auch mit nur einem Tag pro Jahr gegeben ist, kann sich der Bestand an Mikroorganismen und an vielen Vertretern der wirbellosen Tiere in den Intervallen zwischen den Belastungsstößen vollständig oder teilweise regenerieren. Das ist bei der Flußperlmuschel nicht der Fall.

Ein analoges Beispiel aus Land-Ökosystemen bilden große Insekten, deren Lebenszyklus mehrere Jahre umfaßt, während viele Schadinsekten klein und schnellwüchsig sind und deshalb mit einer Frequenz von mindestens 1 pro Jahr chemisch bekämpft werden. Wie Abbildung 5 zeigt, kann die Generationsdauer sowohl bei Tieren als auch bei Pflanzen in eine Beziehung zur Körpergröße gebracht werden. Innerhalb der gleichen „Größenklasse" entwickeln sich aber die raschwüchsigsten Arten etwa 100mal so schnell wie die langsamwüchsigsten. (Die Einzelwerte für eine bestimmte Art unterliegen beträchtlichen Schwankungen, da meistens die Körpergröße nicht konstant ist und die Generationsdauer auch stark von den jeweils herrschenden Umweltbedingungen abhängt.)

Man kann bei hohen Frequenzen einer Belastung der betreffenden Ökosysteme mit Schadstoffen oder der Anwendung von Pflanzenschutz- und Schädlingsbekämpfungsmitteln auf angrenzenden Flächen sich leicht vorstellen, daß sich der Artenbestand der Tier- und Pflanzenwelt in relativ kurzer Zeit stark zugunsten jener Arten verändern muß, deren wesentliche „Strategie" die Beibehaltung einer sehr hohen Wachstums- und Ausbreitungsrate ist. Solche Arten sind kennzeichnend für die frühen, „unreifen" Entwicklungsstadien eines Ökosystems. Hingegen sind die meisten Bewohner ausgesprochen artenreicher und nährstoffarmer Ökosysteme so programmiert, daß sie sich auf Grund ihrer Spezialisierung gegenüber konkurrierender Arten behaupten und so die von ihnen einmal erreichte Bestandsdichte beibehalten. Dazu ist normalerweise keine hohe Vermehrungsrate erforderlich, die bei dem geringen Nährstoffangebot ja auch keine Vorteile bringen würde, bei vielen Arten ist vielmehr die Lebensdauer relativ groß (Wilson u. Bossert 1973).

Insgesamt gesehen kann die Artenkomposition eines Ökosystems als Resultante der Eintrittswahrscheinlichkeit von Störungen betrachtet werden. Je einseitiger die Lebensbedingungen (oder je häufiger die Störungen), desto einseitiger auch die Organismengemeinschaft: Vorherrschen von kleinen, schnellwüchsigen Arten, die in der Lage sind, auch einen „Totalverlust" rasch zu ersetzen. Je häufiger die Störungen, desto geringer die Farben- und Formenvielfalt des Organismenbestandes. Auf diesen Zusam-

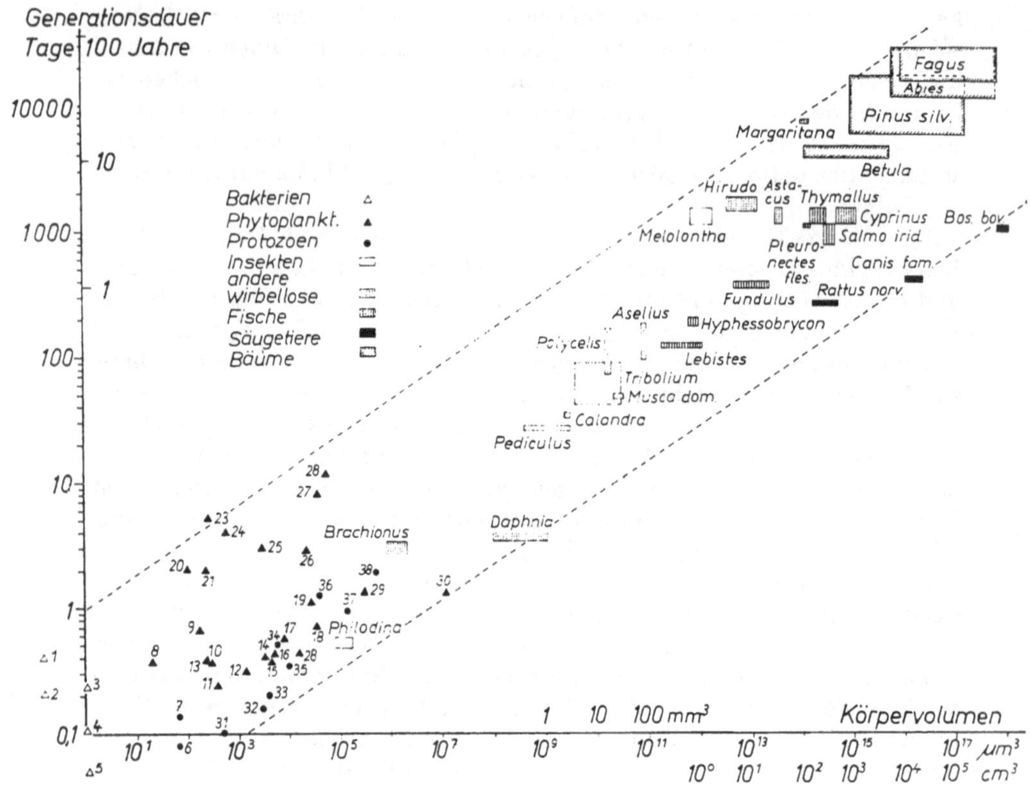

Abb. 5. Beziehung zwischen Generationsdauer und Körpervolumen bei Organismen unterschiedlichster Größengruppen (Schema). Generationsdauer: Zeit bis zum Eintritt der Fortpflanzungsfähigkeit bzw. der Blühreife, bei Bakterien, Phytoplanktern und Protozoen: Verdoppelungszeit. Die z. T. sehr große Variationsbreite bei einzelnen Gattungen ist vor allem durch Artunterschiede oder (bei Bäumen) durch unterschiedliche Qualität der Standorte bedingt. Bei anderen Gattungen Variationsbreite nicht dargestellt, weil keine Daten verfügbar. Kombiniert nach Zahlenangaben von EPPLEY a. SLOAN (1966), FENCHEL (1968), TILZER (1973), LAWS (1975), SHELDON u. Mitarb. (1973), THOMASIUS (unveröff. Material) und eigenen Aufrechnungen von Daten aus der Bestimmungsliteratur und Messungen an Plastilinmodellen oder konserviertem Material. Schlüssel für Gattungsnamen von Protophyten und Protozoen:

1…5 Bakterien, 6 *Monas*, 7 *Bodo*, 8 *Coccolithus*, 9 *Detonula*, 10 *Skeletonema*, 11 *Cyclotella*, 12 *Syracosphaera*, 13 *Dunaliella*, 14 + 15 (+ 28) *Thalassiosira*, 16 (+18) *Ditylum*, 17 (+27) *Peridinium*, 18 (+16) *Ditylum*, 19 (+29 + 30) *Coscinodiscus*, 20 *Chrysosphaerella*, 21 *Dinobryon*, 22 *Mallomonas*, 23 *Synura*, 24 *Gymnodinium*, 25 *Glenodinium*, 26 *Gonyaulax*, 27 (+17) *Peridinium*, 28 (+14 +15) *Thalassiosira*, 29 + 30 (+19) *Coscinodiscus*, 31 *Uronema*, 32 *Philasteridae* gen. sp., 33 *Aspidisca*, 34 *Litonotus*, 35 *Euplotes*, 36 *Keronopsis*, 37 *Diophrys*, 38 *Condylostoma* menhang wurde bereits von Thienemann (1926) hingewiesen. Da es wünschenswert ist, den Formenreichtum unserer einheimischen Tier- und Pflanzenwelt auf einem Teil des von der Gesellschaft genutzten Gesamtterritoriums zu erhalten, besonders in Erholungs-, Wassereinzugs- und Naturschutzgebieten, müssen die dort erforderlichen Bewirtschaftungs-Maßnahmen unbedingt den oft niedrigen Wachstums-, Vermehrungs- und Ausbreitungsraten der betreffenden Arten Rechnung tragen.

Die Aktualität dieser Forderung wird dadurch bestätigt, daß der bunte Blumenflor sowie die Insekten- und Reptilienfauna nicht genutzter Areale wie z. B. von Triften und Waldrändern, was den Artenreichtum betrifft, an vielen Stellen ebenso in raschem Rückgang begriffen ist wie z. B. die Organismenwelt staunasser, sumpfiger Bereiche (Orchideen, Vögel, Amphibien). Da dies besonders auch für intensiv landwirtschaftlich genutzte Großstadt-Randgebiete zutrifft (Ranft 1975), die für die Naherholung der Bevölkerung eine wesentliche Rolle spielen, erscheint es notwendig, besondere Schutzbestimmungen durchzusetzen, die u. a. eine unbeabsichtigte „Mitbehandlung“ durch Pflanzenschutzmittel und Dünger bei aviochemischen Einsätzen stark einschränken (hinsichtlich des Anteils der „beflogenen“ Fläche zur Gesamt-Nutzfläche nahm die DDR bereits 1969 den 2. Platz in der Welt ein: Beitz 1974). Solche Maßnahmen liegen, auf lange Sicht gesehen, auch im Interesse der land- und forstwirtschaftlichen Produktion, bieten sie doch die Möglichkeit, in den Randstreifen der Produktionsflächen auch einen Mindestbestand an Nutzinsekten zu erhalten.

In der DDR spielt, gemessen an der Gesamtfläche unseres Territoriums, auch die Bildung „neuer“ Ökosysteme eine wesentliche Rolle. Das „neu“ bezieht sich nicht auf deren Tier- und Pflanzenarten. Gemeint sind in diesem Zusammenhang auch nicht die notwendigerweise artenarmen Hochleistungs-Systeme der Nahrungsgüter- und Forstwirtschaft oder die durch Abwasserbelastung an Organismenarten verarmten Fließgewässer-Ökosysteme, sondern Bergbaufolgelandschaften und künstlich entstandene Gewässer (Talsperren, Flachlandspeicher, Restgewässer). Sofern durch geeignete Bewirtschaftungsmaßnahmen die teilweise am Anfang herrschenden lebensfeindlichen bzw. wachstumsbegrenzenden Bedingungen überwunden werden, bildet sich durch „Beimpfung“ aus angrenzenden Territorien bzw. (bei Gewässern) aus dem Einzugsgebiet allmählich ein relativ artenreicher Organismenbestand aus.

Die Kenntnisse über den zeitlichen Verlauf einer solchen Neubesiedlung sind noch außerordentlich lückenhaft. Die Zunahme des Artenbestandes (Abb. 6) entspricht einer Sättigungskurve, deren theoretischer Höchstwert dem Artenbestand in den „Impf“-Arealen gleichzusetzen ist. Der Anstieg der Kurven ist vor allem von zwei Koeffizienten abhängig, dem Geschwindigkeitsbeiwert r für die Einwanderung neuer Arten und dem Geschwindigkeitsbeiwert p für die Auslöschung von bereits eingewanderten Arten. Die Größe des Koeffizienten r wird vor allem durch die Entfernung von der Impfquelle bestimmt. Der erreichte Höchststand der Artenzahl hängt nicht unwesentlich von der Flächengröße des neu besiedelten Areals ab. Der zum

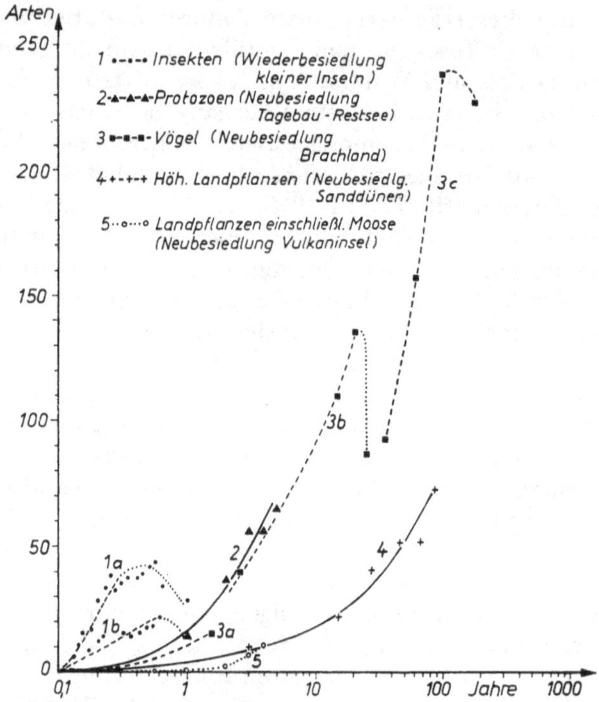

Abb. 6a. Zeitlicher Verlauf der Wieder- bzw. Neubesiedlung von Ökosystemen, gemessen an der Zunahme der Gesamt-Artenzahl ausgewählter Organismengruppen. Kombiniert nach Angaben mehrerer Autoren:

1: nach SIMBERLOFF u. WILSON (1969); 1a: Insel mit dem höchsten; 1b: die mit dem niedrigsten gemessenen Artenzuwachs

2: nach HEUSS (1975)

3: nach ODUM (1971); 3a: Ackerunkrautgesellschaften; 3b: Gras- und Busch-Vegetation; 3c: Kiefernwald

4: nach PAUL (1953)

5: nach EINARSSON (1973): Erstbesiedlung von Asche- und Lavafeldern der Vulkaninsel Surtsey

Zeitpunkt vorhandene Gesamtbestand an Arten der betrachteten Organismengruppe kann durch die folgende Beziehung gekennzeichnet werden (GILROY 1975)

$$S = \frac{r \cdot S_m}{r + p} \left(1 - \exp(p - r)\, t\right) \tag{1}$$

Dabei ist:
S = Bestand an Arten einer bestimmten Organismengruppe zum Zeitpunkt t
S_m = Bestand an Arten auf dem als Reservoir dienenden Areal
r = Geschwindigkeitsbeiwert für die Einwanderung neuer Arten (Invasionsrate)
p = Geschwindigkeitsbeiwert für die Auslöschung bereits eingewanderter Arten (Extinktionsrate)

Die Invasionsrate r sowie die Extinktionsrate p kennzeichnen die Wahrscheinlichkeit, mit der neue Arten sich ansiedeln bzw. wieder verschwinden.

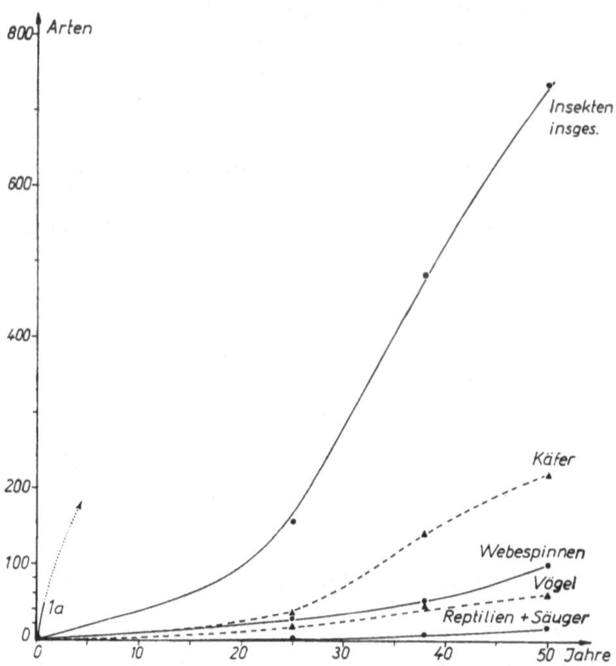

Abb. 6b. Zeitlicher Verlauf der Neubesiedlung einer kleinen Vulkaninsel (Krakatau) am Beispiel einiger ausgewählter Organismengruppen. 1a: Verlauf der Kurve 1a in Abb. 6a. (Zahlenangaben nach DAMMERMANN 1948)

Verständlicherweise ist *r* bei stark (aktiv oder passiv) ortsbeweglichen Arten weitaus größer als bei vergleichbaren, aber nicht ortsbeweglichen Arten, und im übrigen bei Organismengruppen, die aktiv oder passiv (wie z. B. Pflanzensamen, Dauerstadien von Algen, Blattläuse) die Luftströmungen als Transportsystem nutzen, am größten. Beispielsweise war die neuentstandene Vulkaninsel Surtsey, ca. 35 km von der Küste Islands entfernt, bereits nach drei Jahren von mehr als 100 Algen-Arten besiedelt, überwiegend sehr kleinen Arten, die als „Staub" über große Entfernungen transportiert werden können (GUENTHER u. KLUG 1970).

Der schnelle Anstieg einer Wiederbesiedlungskurve wird allerdings oft zu einem erheblichen Anteil durch Arten hervorgerufen, die nicht mit den ursprünglich vorhandenen identisch sind, nur die vorhandenen Nischen besetzen, und sich aber auf die Dauer nicht halten können Wenn eine weitgehende Annäherung an den für den betreffenden Entwicklungsabschnitt (Sukzessionsstadium) kennzeichnenden Plateau-Wert der Artenzahl erreicht ist, nimmt auch die gegenseitige Beeinträchtigung der vorhandenen Arten zu. Die Gesamtzahl zeigt u. U. sogar wieder eine Abnahme (Abb. 6a, Beispiele 1 und 3). Der Zeitbedarf für die völlige Regenerierung des ursprünglichen Artenbestandes von Wäldern ist auf 200 bis 500 Jahre zu veranschlagen, bei einer Neubesiedlung von Sanddünen oder gerade erstarrten Lavaströmen rechnet man mit einer Zeitdauer von 1000 Jahren bis zur Ausbildung der endgültigen Besiedlungsstruktur (OLSON 1958).

Man wird zweifellos in den Fällen, in denen die Geschwindigkeit der „Impfung" mit geeigneten Arten zum begrenzenden Faktor der Entwicklung eines Ökosystems wird, durch Mittel der Technik nachhelfen können. Nur relativ beschränkte Mittel stehen allerdings zur Verfügung, um die Bodenneubildung, die in vielen Fällen fast geologische Zeiträume beansprucht, wesentlich zu beschleunigen. Bei der großen Anfälligkeit der Böden arider Klimazonen gegen Wasser- und Winderosion wäre schon ein sehr großer Fortschritt erzielt, wenn es dort gelingen würde, die gegenwärtig noch sehr großen Verluste an Feinerde, die im Weltdurchschnitt auf ca. 1···2 cm/Jahr zu veranschlagen sind, wesentlich zu verringern.

1.3. Zeitlicher Verlauf der Degradierung und Regenerierung

Bei naturnahen Ökosystemen in hochindustrialisierten Ländern spielen gegenwärtig durch Abprodukte hervorgerufene Schäden und Degradierungsprozesse die Hauptrolle. Zweifellos gehört die Fähigkeit mancher Ökosysteme, schädliche Substanzen abbauen oder inaktivieren zu können, zu den wichtigsten Naturreichtümern. Auch in dieser Richtung ist eine vorratspflegliche Bewirtschaftung anzustreben. Dazu gehört, daß das Selbstreinigungspotential der Gewässer erhalten bleibt. Bei Substanzen, die zwar durch Sorptionsprozesse aus der gelösten in die feste Phase überführt, aber nicht mikrobiell abgebaut werden können, muß bedacht werden, daß eine 100%ige Ausnutzung dieses Speichers den Verlust des Schadstoffbindungspotentials bedeutet.

Mikrobielle Ökosysteme können selbst die chemischen Eigenschaften toxischer Verbindungen in starkem Maße verändern. Beispielsweise sind manche Methanbakterien in der Lage, 5-wertiges Arsen oder Hg^{2+} zu reduzieren und damit in eine weniger giftige Form umzuwandeln:

$As^{5+} \rightarrow As^{3+}$ (Bildung von Dimethylarsin)
$Hg^{2+} \rightarrow Hg^{0}$ (Bildung von metallischem Quecksilber)

(vgl. Wood 1975).

Für die Änderung der Konzentration eines Schadstoffes in der Zeit und in einer Achse (x) des Raumes gilt die folgende, von der Massenbilanzgleichung abgeleitete Beziehung:

$$\frac{\partial c}{\partial t} = \underbrace{D_L \frac{\partial^2 c}{\partial x^2}}_{\text{Dispersion in der } x\text{-Achse}} - \underbrace{v \frac{\partial c}{\partial x}}_{\text{Abtransport}} - \underbrace{A}_{\text{Quellen}} + \underbrace{B}_{\text{Senken}} \tag{2}$$

(Stofftransport: Dispersion, Abtransport; Stoffumwandlung: Quellen, Senken)

Dabei ist:
c = Konzentration
x = Ortskoordinate
D_L = Geschwindigkeitsbeiwert der Längsdispersion
v = Fließgeschwindigkeit

Maßnahmen zur Regenerierung von Ökosystemen konzentrieren sich meistens darauf, die Quellen zu unterbinden oder die Prozesse, die für die Eliminierung des betreffenden Schadstoffes maßgebend sind, in ihrer Wirkung zu unterstützen. Die Vielfalt der bereits beim gegenwärtigen Kenntnisstand insgesamt zu beachtenden Möglichkeiten soll durch Tabelle 1 demonstriert werden. Neben den Vorgängen der Stoffumwandlung spielen nicht nur in Gewässern, sondern auch z. B. bei der Verringerung von atmosphärischen Verunreinigungen die Stofftransportprozesse (Verdünnung, Verdrängung) eine sehr große Rolle, und die Transportfunktion des Wassers kann durch

Auswaschung sekundär auch bei Böden die Elimination von Schadstoffen beschleunigen.

Bei der Abschätzung des Rückgangs von Schadstoffen im Boden ist zu berücksichtigen, daß hier weder Prozesse der Verdrängung noch der Vermischung zu einer Verringerung der Konzentration führen können, wie das bei Gewässern und bei atmosphärischen Emissionen der Fall ist, sondern daß es sich um ein System handelt, das einem Festbettreaktor entspricht. Hier sind Sorption, Desorption, Abbau bzw. Stoffumwandlung und Auswaschung die beherrschenden Vorgänge. Bei der Wiederurbarmachung von Böden, die einen hohen Gehalt an toxischen Schwermetallen aufweisen, ist

Tabelle 1

Stoffumwandlungs- und Stofftransportprozesse, die in Ökosystemen zu einer Verringerung des Gehalts an Schadstoffen führen

	Beispiele
— biochemischer Abbau (Mineralisierung) von organischen Substanzen	Veratmung von organischen Substraten durch Mikroorganismen (mineralische Endprodukte)
— biochemische Umwandlung	mikrobielle Oxydation von Schwefelwasserstoff zu elementarem Schwefel
— chemische Umwandlung	Neutralisation von Säuren
— Akkumulation von Nicht-Schadstoffen	Ablagerung von Pflanzenresten (Humusbildung) auf Rohböden mit hohem Gehalt an Stoffen, die das Wachstum der meisten Arten beeinträchtigen
— Auswaschung	von der Bodenoberfläche nach unten fortschreitende Entgiftung (z. B. Entfernung von Schwefelsäure, die durch Oxydation sulfidhaltiger Mineralien entsteht)
— Sedimentation	Transport partikelgebundener toxischer Schwermetalle in das Bodensediment von Gewässern
— Sorption	Bindung gelöster toxischer Substanzen an Tonmineralien
— Verdunstung	Übergang des an der Bodenoberfläche abgelagerten DDT in die gasförmige Phase
— Verdünnung, Dispersion	Verringerung des Gehalts an toxischen Substanzen aus Abwässern auf ein nicht mehr schädliches Maß
— Verdrängung	Erneuerung des Wasserkörpers eines Flusses nach einer Stoßbelastung mit schädigenden Substanzen

zunächst zumindest eine Verdünnung erforderlich, möglichst mit Material, das außerdem entgiftend wirkt (z. B. Zugabe von $FeSO_4$ oder organischen Substanzen bei hohem Chromgehalt). In vielen Fällen ist eine Auflage von Mutterboden in einer bis 0,3 m hohen Schicht notwendig (z. B. auf Halden des Kalibergbaus), wenn nicht die Vegetation erst nach Jahrhunderten Fuß fassen soll.

Hinsichtlich der Halbwertszeit für die Verringerung der Konzentration einer schädigenden Substanz im Ökosystem ergibt sich die folgende Rangordnung:

Atmosphäre
schnellfließende Gewässer
Talsperren
Grundwasserleiter
Seen
Grundwasserspeicher
Böden

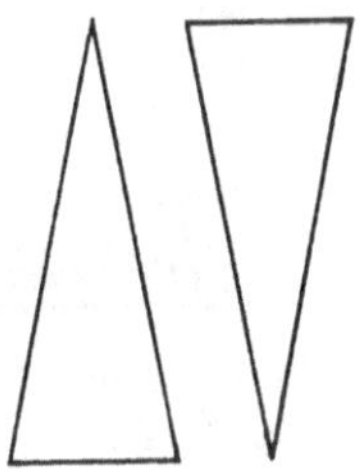

Halbwertzeit physikalische Erneuerungsrate

Die Möglichkeiten, die Verweilzeit einer schädigenden Substanz im Ökosystem exakt vorauszuberechnen, werden zur Zeit noch stark durch fehlende Kenntnisse der im Ökosystem wirkenden Prozesse begrenzt. Wenn beispielsweise das DDT an der Bodenoberfläche sublimiert, kann es dort bereits günstigenfalls in 1···2 Jahren weitgehend verschwunden sein, also viel schneller, als zu erwarten ist, wenn der Halbwertszeit nur die Größen Zerfall und Auswaschung zugrunde liegen (Tabelle 2). Der Gültigkeitsbereich der Konstanten, die in den bisher entwickelten Modellen verwendet wurden, ist aber meistens erst sehr ungenau bekannt.

Auch hinsichtlich des zeitlichen Verlaufs der Degradierung von Ökosystemen sind in den meisten Fällen nur pauschale Aussagen möglich. Zu den wenigen Binnenseen der Erde, dessen Wasserbeschaffenheit über einen

Tabelle 2

Variationsbreite der Elimination von DDR aus terrestrischen Ökosystemen (Kombination nach Angaben verschiedener Autoren)

Halbwertszeit	Zeitbedarf für Rückgang auf 1%
0,3···19,5 Jahre	2···130 Jahre

Zeitraum von 5 Jahrzehnten erfaßt worden ist, gehört der Bodensee. Seit 1925 ist die Konzentration des Phytoplanktons auf das 25fache gestiegen, andererseits hat sich im Tiefenwasser der Sauerstoffgehalt am Ende der Sommerstagnation, der kritischsten Jahreszeit, um etwa 50% verringert

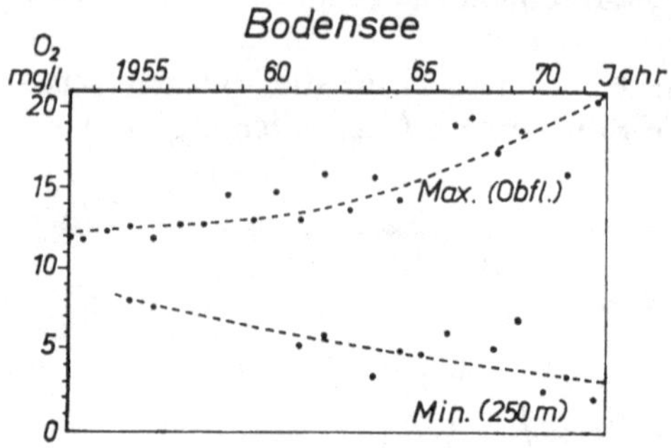

Abb. 7a. Trendentwicklung der Maxima und Minima des Gehaltes an gelöstem Sauerstoff im Bodensee. Oberfläche: O_2-Übersättigung, hervorgerufen durch Massenentwicklungen von Algen. Tiefenwasser 250 m: Abnahme infolge zunehmender Belastung mit sauerstoffzehrenden organischen Substanzen (Phytoplankton-Biomasse). Nach Angaben von LEHN (1975), verändert

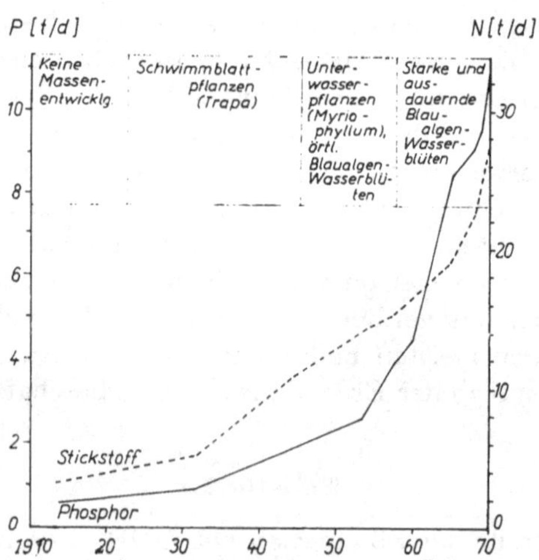

Abb. 7b. Langjähriger, vor allem durch Einleitung von kommunalen Abwässern bedingter Trend der Nährstoff-Fracht (Stickstoff- und Phosphorverbindungen) eines großen Flusses (Mündungsbereich des Potomac River) und die Auswirkungen auf das Pflanzenwachstum. Nach JAWORSKI u. Mitarb. (1971), verändert

(Abb. 7a). Dieser Trend läßt sich auch anhand der zeitlichen Änderung der Sichttiefe verfolgen (Abb. 3). Im Gegensatz zu den bisher erwähnten Größen nahm jedoch der Gehalt an gelöstem Orthophosphat drei Jahrzehnte lang überhaupt kaum zu. Das große Phosphor-Bindungsvermögen von zunächst nährstoffarmen Seen geht auch aus Abbildung 8 hervor. Nach einem Belastungsstoß (Orthophosphat-Zugabe) geht in dem betreffenden See die Konzentration innerhalb von 2 Monaten wieder auf den Ausgangswert zurück, und die Meßwerte lassen sich für den Übergangsbereich einer exponentiellen Abklingkurve zuordnen.

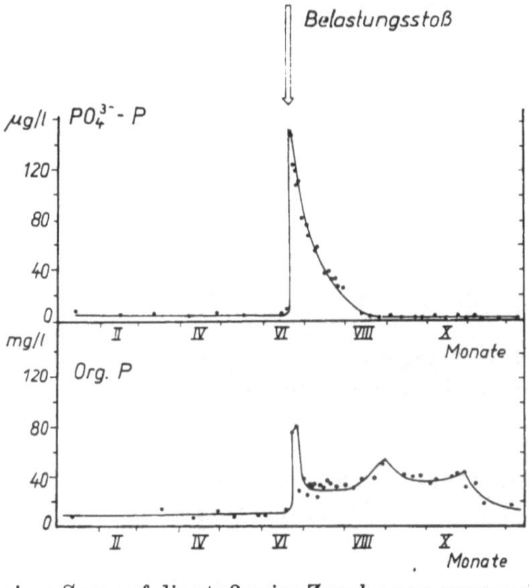

Abb. 8. Reaktion eines Sees auf die stoßweise Zugabe von anorganischem Phosphordünger. Nach SMITH (1969), stark verändert

Daß dieser Phosphor jedoch noch nicht aus der Freiwasserregion verschwunden ist, zeigt der erhöhte Gesamt-Phosphor-Gehalt, der das Ausmaß der durch die P-Düngung hervorgerufenen Planktonentwicklung widerspiegelt. Die zeitlichen Schwankungen werden wahrscheinlich durch eine Periodik in der Planktonentwicklung hervorgerufen. Nach 6 Monaten entspricht auch der Gesamt-P-Vorrat im Wasserkörper (in der Abb. nicht mit dargestellt) wieder den Ausgangsbedingungen, und der zugegebene Phosphor ist jetzt weitgehend im Bodensediment deponiert.

Nachdem aber das Phosphorbindungsvermögen eines Sees voll in Anspruch genommen ist, zeigt das gelöste Orthophosphat eine steile, nahezu exponentielle Zunahme (Abb. 3). Gegen eine extrem starke Degradierung sind Seen vom Typ des Bodensees noch relativ gut gepuffert, weil sich der Wasserkörper ziemlich schnell erneuert und das Tiefenwasser infolge des starken Zuflusses in der kritischen Jahreszeit mit Sauerstoff angereichert wird.

Betrachtet man den zeitlichen Verlauf des Sauerstoffgehaltes im Tiefenwasser der Ostsee, so zeigt sich in den letzten Jahren eine O_2-Abnahme, deren Gradient immer steiler wird (Abb. 9). Je größer das einmal vorhandene

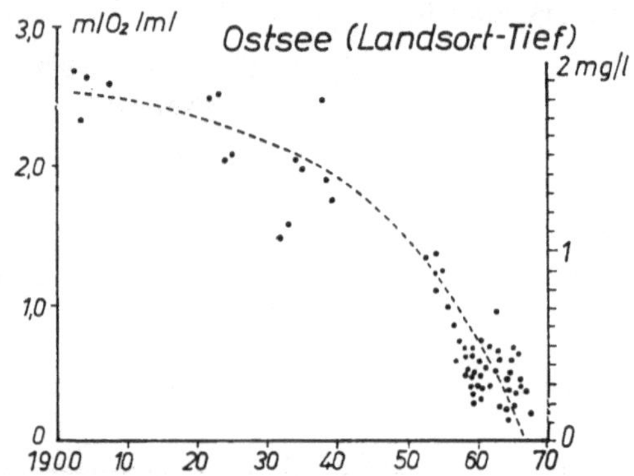

Abb. 9. Trendentwicklung des Sauerstoffgehaltes im Tiefenwasser des inneren Ostseebeckens. Nach FONSELIUS aus NIKOLAEV (1974)

Defizit, desto ausgeprägter wird der „lawinenartige" Verlauf der Degradierungsfunktion. Eine solche Kettenreaktion kann durch folgende Beziehung veranschaulicht werden:

$$y = a - \exp(k \cdot t)$$

Dabei ist y die zu einem bestimmten Zeitpunkt t herrschende Intensität des betrachteten Umweltfaktors, a der Ausgangswert und k der Geschwindigkeitsbeiwert der Funktion.

Ein solcher Degradierungsprozeß ist sehr schwer zu bremsen, sofern er erst im fortgeschrittenen Stadium erkannt wird, und man kann nur hoffen, daß dieser Reaktionstyp nicht sehr verbreitet ist. Leider deuten aber alle Anzeichen darauf hin, daß bei der Wüstenbildung, die in den letzten Jahren in der Sahel-Zone Afrikas eine auffällig große Intensität erreichte, die Devastierungsfunktion ebenfalls formal einer Regelschleife mit Abwärtstendenz entspricht. Bei der extrem hohen Dürrebelastung und der höchst einseitigen jahreszeitlichen Verteilung der heftig einsetzenden Regenzeiten führt in dieser Region eine zu starke Inanspruchnahme der Pflanzendecke, z. B. durch Überbeweidung, dazu, daß sich auch die Fähigkeit zur Wasserspeicherung (vor allem durch Grasbestände und den Boden) verringert. Dadurch wird aber wiederum die künftige Entwicklung der Vegetation beeinträchtigt und die Erosion sowie die Verkrustung des Bodens (Lateritbildung, later (lat.) = Ziegelstein) beschleunigt, die unter den gegebenen Klimabedingungen schnell ein katastrophales Ausmaß erreichen kann.

Diese positive Rückkopplung, die oft zum weitgehenden Verschwinden der Vegetationsdecke führt, wird wahrscheinlich auch dadurch noch gefördert, daß die Verringerung des Pflanzenbestandes eine Vergrößerung der Rückstrahlung (Albedo) bewirkt, und dadurch die Wahrscheinlichkeit, daß sich über dem betreffenden Gebiet Wolken bilden können, erheblich verringert (CHARNEY 1975). In weiten Gebieten Ostafrikas zeigt die leuchtend rote Färbung des Bodens an, daß es sich um degradierte Flächen handelt, deren Pflanzendecke sich kaum von sich aus zu regenerieren vermag.

Eine Kettenreaktion spielt wahrscheinlich auch im fortgeschrittenen Stadium der Seeneutrophierung die ausschlaggebende Rolle: das durch erhöhte Nährstoffzufuhr hervorgerufene Phytoplanktonwachstum hat eine erhöhte Belastung des Tiefenwassers mit abbaubarem organischem Material zur Folge. Der vorhandene Sauerstoffvorrat wird nunmehr bis zum völligen Verschwinden aufgebraucht. Dies aber führt zur reduktiven Zerstörung der Sperrschicht, die vorher die großen Orthophosphat-Nährstoffvorräte des Bodensediments sehr weitgehend vom Wasserkörper isoliert hatte, und zur stärkeren Bildung von Methan, das bei seinem Aufstieg in den Wasserkörper große Mengen an Pflanzennährstoffen mit nach oben verfrachtet. Dadurch wird die Rückführung der Nährstoffe in den Kreislauf auf ein Niveau gebracht, das ausdauernde Massenentfaltungen von Planktonalgen ermöglicht. Die meisten „baltischen" Seen in den Nordbezirken der DDR und der angrenzenden Staaten befinden sich auf Grund ihrer hohen Störanfälligkeit bereits in diesem fortgeschrittenen Stadium der Eutrophierung, und es wird sehr großer Aufwendungen bedürfen, um diesen Prozeß zu verlangsamen und schließlich, wenigstens in einer größeren Anzahl von Einzelfällen, wieder rückgängig zu machen.

In vielen Fällen wurde bisher das bereits eingetretene Ausmaß einer autokatalytischen Degradierung von Ökosystemen auch deshalb zu spät erkannt, weil sich der Trend einer Verschlechterung (vgl. Abb. 7b) nicht immer deutlich von den langjährigen Schwankungen der meteorologischen oder hydrologischen Einflußgrößen abtrennen läßt. Dies gilt z. B. für die Wüstenbildung (Abb. 10). Im geophysikalischen Maßstab sind Perioden von 10 Jahren sehr kleine Frequenzen (HUPFER 1974), und solchen Prozessen

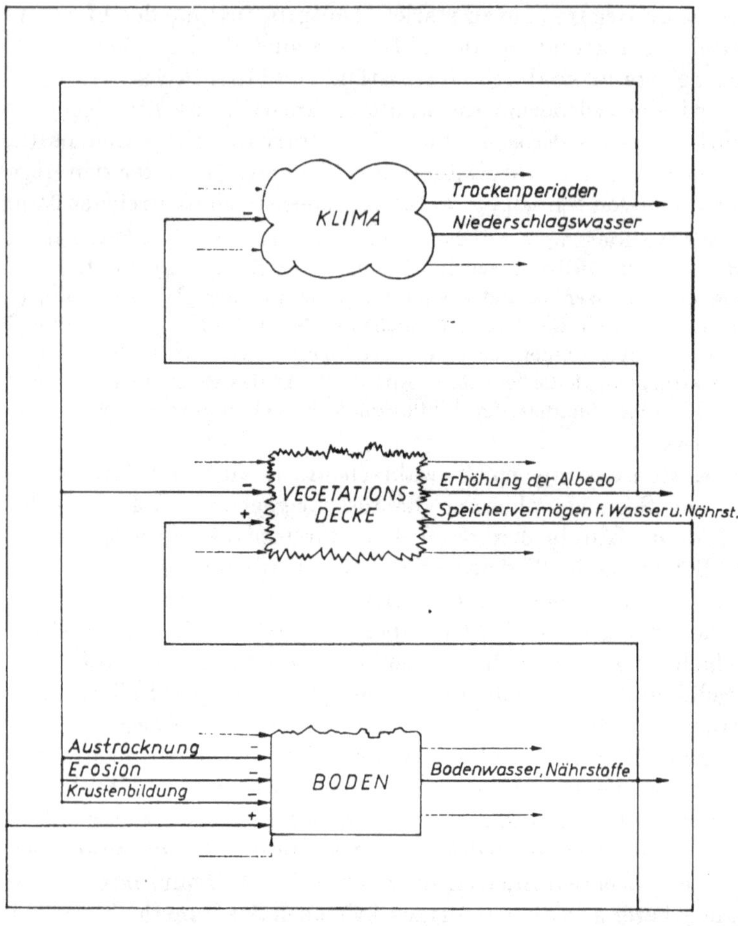

Abb. 10. Wechselbeziehungen zwischen Vegetationsdecke, Klima und Boden, die für die Erhaltung bzw. Störung des biozönotischen Gleichgewichts (Wüstenbildung) in warmen, trockenen Klimaten ausschlaggebend sind. Schema

wie dem zunehmenden Sauerstoffschwund im Tiefenwasser der Ostsee wirken die gelegentlichen Einbrüche von großen Massen sauerstoffreichen Wassers aus der Nordsee entgegen. Meteorologische Ereignisse können auch den Trend der Eutrophierung von Binnengewässern zeitweise stark maskieren.

Generell ist bei Degradierungsprozessen nicht nur die Kenntnis der Übergänge von Interesse, sondern vor allem der jeweilige neue Gleichgewichtszustand. Für die Geschwindigkeit, mit der er sich einstellt, sind vor allem die kleinsten Zeitkonstanten, z. B. die Vermehrungsraten der langsamwüchsigen Komponenten, maßgebend. Es ist aber kaum möglich, solche Zahlenwerte für Ökosysteme, in denen sehr langsamwüchsige Organismen vorherrschen, z. B. Bäume, im Echt-Zeit-Maßstab auf experimentellem Wege zu gewinnen. Für Systeme mit hohen Umsatzraten bieten Labor-Modelle einen Ausweg, in denen Mikro-Organismen vorherrschen, deren Generationszeiten in der Größenordnung von Stunden, Tagen oder Wochen liegen. Geht man von der etwas willkürlich gewählten Voraussetzung aus, daß, ebenso wie in Abbildung 11, generell für die jeweils betrachtete Organismenart 5 Generationen erforderlich sind, um beurteilen zu können,

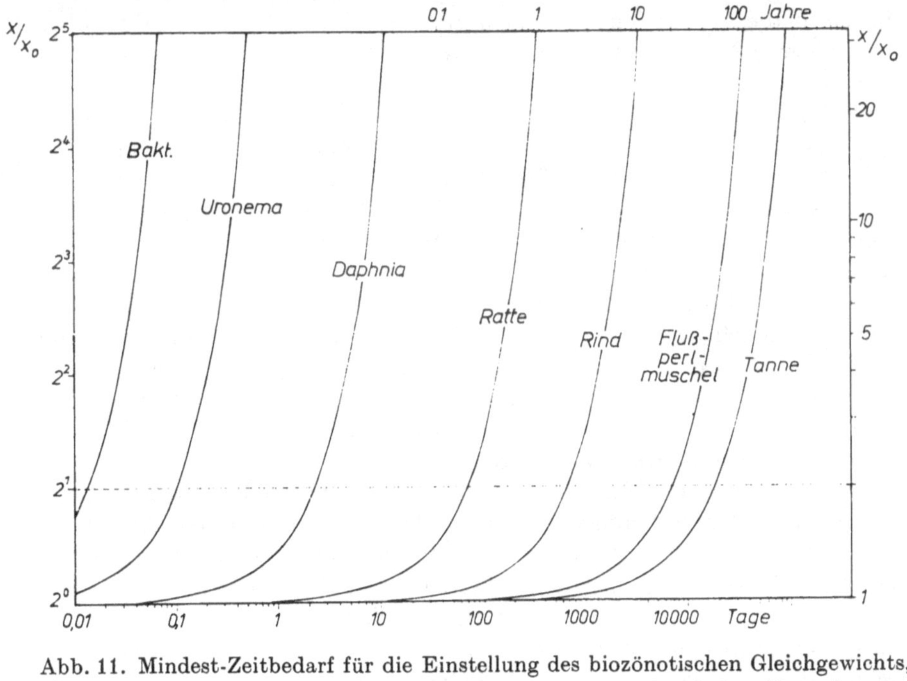

Abb. 11. Mindest-Zeitbedarf für die Einstellung des biozönotischen Gleichgewichts, gemessen an der Bestandsentwicklung von Arten unterschiedlicher Vermehrungsgeschwindigkeit (Schema). Annahme, daß in allen Fällen mindestens 5 Verdopplungen (d. h. Anwachsen der insgesamt gebildeten Biomasse x auf das 32-fache des Anfangswertes x_0 erforderlich sind (vgl. Abb. 4).

welche Rolle sie im Ökosystem spielt, liefert ein solcher Labor-Simulator das Ergebnis in relativ kurzer Zeit. Für die Berechtigung eines solchen Herangehens spricht die Tatsache, daß von allen biologischen Konstanten offenbar die Vermehrungsrate bei der Neueinstellung des Gleichgewichts nach Störungen die bei weitem wichtigste, weil für das dynamische Verhalten des Ökosystems maßgebende Rolle spielt.

Wie Abbildung 5 zeigt, lassen sich alle Organismentypen, von den kleinsten Mikroben (die Viren sind nur aus Raumgründen weggelassen) bis zu großen Landtieren und -Pflanzen, hinsichtlich des Verhältnisses von Generationszeit (bzw. Wachstumsrate) und Körpervolumen in ein und dasselbe prinzipielle Schema einordnen. Es ist zu erwarten, daß man von der Kenntnis des dynamischen Verhaltens von Labor-Ökosystemen, in denen schnellwüchsige Mikroorganismen vorherrschen, Analogieschlüsse ableiten kann, wie, unter vergleichbaren Bedingungen, Ökosysteme mit Vorherrschen größerer Organismen auf definierte Umweltänderungen reagieren. In diesem Fall kann die Simulation auf einem Rechner durchgeführt werden, aber unter Verwendung der für diese größeren Organismen kennzeichnenden Zeitkonstanten.

Auf alle Fälle sind die Chancen, in relativ kurzer Zeit die „Generalreparatur" eines Ökosystems abschließen zu können, groß, wenn auch die Durchflußrate des Systems im Vergleich zu den Zeitkonstanten der biologischen Umsetzungen groß ist. Sie sind also bei der Verringerung von Immissionen und bei der Sanierung von Fließgewässern weitaus am höchsten. Bei sehr langen Verweilzeiten hingegen übt die Erneuerung des Mediums nur einen geringen Einfluß auf den Stoffumsatz aus. Bestimmend sind jetzt vor allem die Geschwindigkeitsbeiwerte der biochemischen Reaktionen, die sich nur bei Organismengruppen wie Bakterien, Phytoplanktern und Protozoen in einer Größenordnung bewegen, die zu raschen Änderungen führen, sowie jener chemischen und physikochemischen Prozesse, die ebenfalls zu einer Dekontamination beitragen.

Die Fähigkeit eines Ökosystems, nach Störungen wieder den Ausgangszustand herstellen zu können, kann keinesfalls allein auf der Grundlage der Theorie dynamischer Systeme erklärt werden. Ein Faktor, der sehr stark über das Gelingen von großräumigen Reparaturmaßnahmen mit entscheidet, ist die Vorgeschichte und die spezifische Artenkomposition des Ökosystems. Ein extremes Beispiel dafür bietet der tropische Regenwald, der etwa seit der Kreidezeit an relativ konstante Lebensbedingungen angepaßt ist. Der vorhandene Nährstoffvorrat ist größtenteils in dem immergrünen Pflanzenbestand gebunden und wird im Kreislauf genutzt. Auf Grund der Nährstoffarmut des Bodens gibt es hier kaum Arten, die, auf Kosten anderer Arten, eine ausgesprochene Massenentwicklung erzielen können. Auch Schädlingsplagen spielen daher kaum eine große Rolle, weil die vielen vorhandenen Arten von Organismen sich wechselseitig in Schach halten. Andererseits ist die Störanfälligkeit gegen Eingriffe von außen, z. B. großflächige Abholzungen, sehr erheblich, weil gerade hier die über Jahrmillionen währende Selektion nicht zum Vorherrschen von schnellwüchsigen und sehr anpassungsfähigen, sondern von langsamwüchsigen und hochspezialisierten Arten geführt hat. Da unter konstanten Milieubedingungen normalerweise langsamwüchsige Arten vorherrschen (Deregmendži 1975), sind auch die Korallenriffe nicht in der Lage, sich an die Belastung von Meeresbuchten und Küstenmeeren mit Abfallstoffen anzupassen. Sie werden ebenso durch wesentlich „einseitigere" Vergesellschaftungen raschwüchsiger Organismen (vor allem Algen) ersetzt wie der tropische Regenwald im günstigsten Falle durch die charakteristischen Gehölze von Sekundärwäldern.

2. Rekultivierung von Bergbaufolgelandschaften

In der DDR wurden am Beispiel der Rekultivierung von Bergbaufolgelandschaften und der Planung von Trinkwassertalsperren weitreichende Erfahrungen hinsichtlich der Bildung und Gestaltung künstlicher Ökosysteme gesammelt, die auch für sehr anspruchsvolle Nutzungen geeignet sind.

Bei der Regenerierung von geschädigten Land-Ökosystemen in tropischen und subtropischen Klimaten muß vor allem dafür gesorgt werden, daß sich der Ausnutzungsgrad der Niederschläge erhöht. Die Hauptaufgabe ist daher die Wiederherstellung einer den Abfluß bindenden und die Versickerung fördernden Pflanzendecke, besonders in Gebirgslagen und auf Wasserscheiden (Gillmann 1937). Die dafür erforderlichen Mittel sind jedoch in vielen Fällen so groß, daß diese Aufgabe, von deren Erfüllung die Lebensmöglichkeiten für künftige Generationen entscheidend abhängen, gegenwärtig von den Regierungen vieler Entwicklungsländer nicht im notwendigen Umfang gelöst werden kann. Dagegen bieten die gemäßigten Breiten der Erde vom Boden und vom Klima her sehr viel günstigere Möglichkeiten für die relativ schnelle Lösung von Aufgaben der Rekultivierung.

Die Realisierung derartiger Möglichkeiten hängt in starkem Maße von der Gesellschaftsordnung ab. In der DDR werden alljährlich 25 bis 30 km^2 land- oder forstwirtschaftlicher Nutzfläche durch den Abbau von Braunkohle in Anspruch genommen. Die rasche Rekultivierung solcher Flächen ist ein Anliegen von vorrangigem gesamtgesellschaftlichem Interesse.

Gemessen an den für unser Territorium kennzeichnenden durchschnittlichen Klima- und Bodenbedingungen stellen die Halden und Kippen des Bergbaus Extrembiotope dar, deren Erstbesiedlung außerordentlich hohe Anforderungen an die Anpassungsfähigkeit der Pionier-Organismen stellt. Diese sind nicht nur extremer Hitze und Trockenheit ausgesetzt, sondern auch einer starken Wind- und Wassererosion.

Die bis über 600 Jahre alten Halden des Kupferschieferbergbaus sind an besonders exponierten Stellen noch heute vegetationslos (SCHUBERT 1954). Selbst von Mikroorganismen werden z. B. Schlammdeponien der Sodafabriken sehr langsam besiedelt. Blau- und Grünalgen ließen sich in den von BOUCHET (1973) untersuchten Fällen erst nach 10 Jahren nachweisen.

Enthält das aufgeschüttete Material keine toxischen Substanzen, führt andererseits allein schon die natürliche Entwicklung der Vegetation im Verlauf von weniger als 100 Jahren zur Ausbildung einer Moos-, Kraut-, Strauch- und Baumschicht (WÜNSCHE 1963).

Die in der DDR gesammelten Erfahrungen zeigen, daß es durch zielgerichteten Einsatz der Technik gelingt, die Entwicklung einer Vegetationsdecke um viele Jahrzehnte zu verkürzen. Ist erst einmal eine einigermaßen geschlossene Vegetationsdecke vorhanden, bieten sich günstige Bedingungen für den „Einstieg“ vieler weiterer Arten. Im Verlauf des Besiedlungsprozesses beeinflussen die Organismen oft ihr Milieu in einer für sie selbst günstigen Richtung. Beispielsweise wird die Verwitterung des Gesteins dadurch begünstigt, daß sich die Wurzeln der Pflanzen auch in die feinsten Spalten zwängen. Die Bildung von Pflanzenpolstern verbessert die Klimabedingungen und den Wasserhaushalt in den bodennahen Schichten und begünstigt die Akkumulation von pflanzlicher Substanz als Humus.

Während bei mittleren Temperaturen um 20 bis 25 °C, wie sie in vielen tropischen Gebieten herrschen, Pflanzenreste schnell und vollständig mikrobiell abgebaut werden, konnte z. B. auf Grobhalden des Erzbergbaus im Freiberger Raum eine Humusbildung beobachtet werden (RANFT 1966), die einer durchschnittlichen jährlichen Auflage von 0,5···1 mm entspricht. — Abbildung 12 veranschaulicht die Geschwindigkeit der Boden-Neubildung am Beispiel der Zunahme des Gehaltes an Stickstoffverbindungen.

Besondere Probleme ergeben sich dort, wo an der Bodenoberfläche ausgesprochen pflanzenfeindliche geochemische Bedingungen herrschen: zu hoher oder zu niedriger pH-Wert, zu hoher Salzgehalt, Anwesenheit toxischer Schwermetalle. Nicht selten besitzt das abgelagerte Material wasserabstoßende Eigenschaften. Dadurch wird die Auswaschung toxischer Substanzen verhindert, andererseits eine Wassererosion stark begünstigt. Unter den toxischen Substanzen spielen u. a. Arsen, Nichteisen-Schwermetalle (z. B. Kupfer) sowie sulfidhaltige Eisenmineralien (Markasit, Pyrit) und die daraus durch mikrobielle Oxidation gebildete Schwefelsäure eine wesentliche Rolle. Eine toxische Hemmung des Organismenwachstums ist in ähnlicher Weise auch bei vulkanischem Neuland zu beobachten (GUENTHER und KLUG 1970). Obwohl selbst die glasige Schlacke der Kupferbergbauhalden mit der Zeit verwittert und von Pflanzen besiedelt wird, benötigt dieser Prozeß sehr viel Zeit.

Die durch den Braunkohlentagebau in der DDR in Anspruch genommenen großen Flächen sollen in möglichst kurzer Zeit für eine land- oder forstwirtschaftliche Nutzung regeneriert werden. Die größten Schwierigkeiten

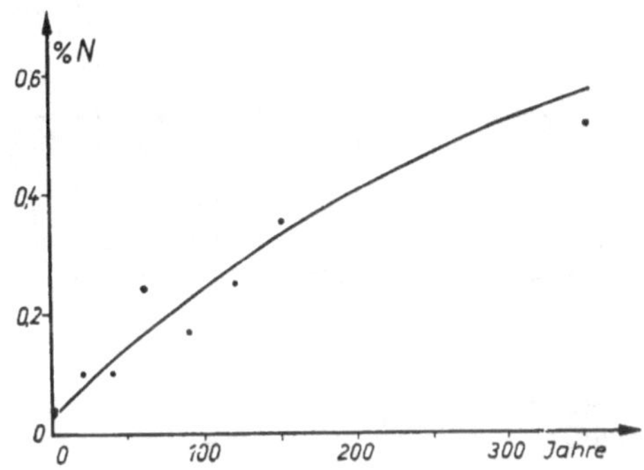

Abb. 12. Zunahme des Gesamtstickstoff-Gehaltes im Boden im Verlauf der Neubesiedlung von Sanddünen. Der Plateauwert der Ausgleichskurve wird nach ca. 1500 Jahren mit 0.085% N erreicht. Aus OLSON (1958)

bereitet bei Tertiärkippen die freie Schwefelsäure. Der dadurch bedingte niedrige pH-Wert setzt der Ausbreitung höherer Pflanzen eine unüberwindliche Grenze. Im Bereich hoher Säurekonzentrationen wird auch die Löslichkeit von Metallen wie z. B. Kupfer, Aluminium, Mangan stark erhöht.

Wie die Abbildungen 13 und 14 zeigen, nimmt sowohl die Stoffproduktion als auch die Arten-Mannigfaltigkeit schnell zu, wenn der pH-Bereich von 3 ... 3,5 überschritten ist, und nähert sich obh. pH 5 einem Sättigungsplateau. Bei niedrigen pH-Werten ist demnach eine Wiederbesiedlung nicht eher zu erwarten, als bis infolge der natürlichen Verwitterungs-, Auswaschungs- und Lösungsvorgänge sich der Sulfid- bzw. Schwefelsäuregehalt wenigstens in der obersten Bodenschicht so weit reduziert hat, daß extrem flachwurzelnde Pflanzen gedeihen können. Dafür würden aber bei natürlicher Entwicklung sehr lange Zeiträume benötigt werden. Bevor daher solche Flächen an die Land- und Forstwirtschaft zur Rekultivierung übergeben werden können, muß im Rahmen der vom Bergbau durchzuführenden Maßnahmen zur Wiederurbarmachung nicht nur für Planierung, Böschungsgestaltung, Vorflutregelung und den Aufschluß von Hauptwegen gesorgt werden, sondern vor allem für eine Grundmelioration (BARTHEL 1965, THOMASIUS 1973).

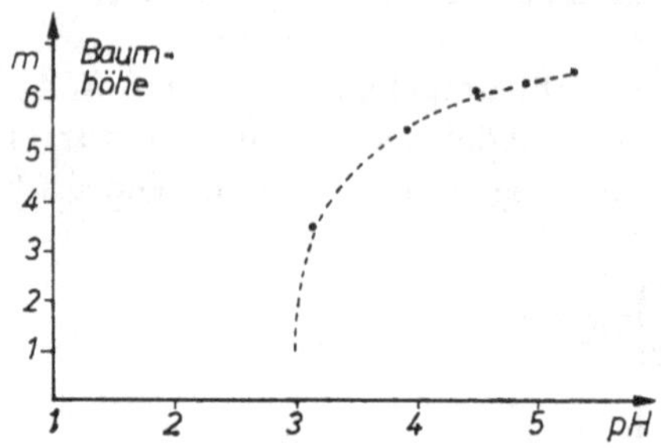

Abb. 13. Beziehung zwischen pH-Wert des Bodens (pH/KCl) und mittlerer Baumhöhe in einer 8jährigen Pappel-Anpflanzung auf einer Kippe im Lausitzer Braunkohlenrevier. Aus LORENZ u. WÜNSCHE (1969), leicht verändert

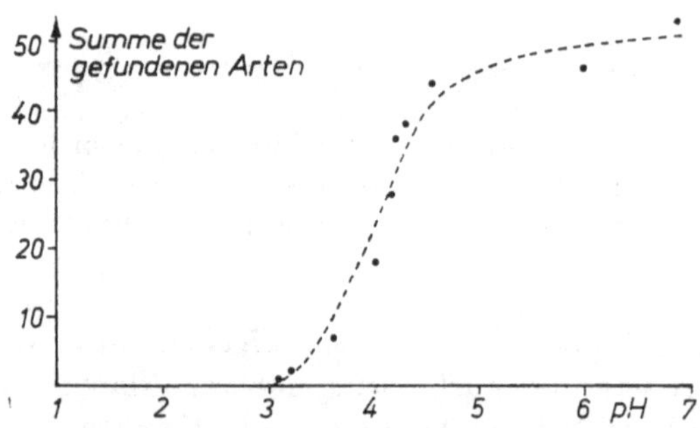

Abb. 14. Beziehung zwischen pH-Wert und Artenzahl der vorgefundenen höheren Pflanzen auf zwei Kippen im Bitterfelder Braunkohlenrevier. Nach Verbreitungstabellen in: KLEMM (1963)

Hierbei werden basische Zuschlagstoffe (Kalk, Braunkohlenasche) bis etwa 0,3 m tief in den Boden eingearbeitet. Der Kalk soll nicht nur den pH-Wert erhöhen, sondern auch den oft sehr hohen Benetzungswiderstand verringern. Die Kalkzugabe muß u. U. in Abständen von 2 bis 3 Jahren wiederholt werden (BRÜNING 1962). Da in den zunächst völlig sterilen Massen die von Pflanzen benötigten Nährstoffe völlig oder weitgehend fehlen, muß bei der Grundmelioration außerdem Mineraldünger oder Klärschlamm zugegeben werden. Unter Extrembedingungen, wie sie in Kammlagen des Gebirges gegeben sind, führt auch bei der forstlichen Rekultivierung nur ein komplexes Programm von vielen ineinandergreifenden Maßnahmen zum Erfolg (RANFT 1966). In welch starkem Maße bei der Rekultivierung die Standortbedingungen berücksichtigt werden müssen, zeigt ein Beispiel, in dem nach 10 Jahren zwar noch ein Gedenkstein an die Umgestaltung von Ödland in Kulturland erinnerte, die angepflanzten Bäume hingegen weitgehend verschwunden waren.

Der zeitliche Verlauf einer Neubesiedlung wird von vielen Zufallsfaktoren mitbestimmt. Bei einer Planierung der Haldenfläche sind die Bedingungen für den „Einstieg" mancher wichtiger Arten ungünstiger, als wenn (kleine!) Rippen und Senken erhalten bleiben. Offenbar gibt es hinsichtlich der zeitlichen Abstufung in der Ausbildung der einzelnen Pflanzengemeinschaften auch bei gleichen Klima- und Bodenbedingungen mehrere Freiheitsgrade (RICHTER 1963). In den Anfangsstadien herrschen bei Erzbergbauhalden oft Moose, sonst meist lichtliebende Gräser vor. Die Magerrasen dominieren oft über mehrere Jahrzehnte. Bei hohem Nährstoffgehalt des aufgeschütteten Materials kann sich über einen Zeitraum von mehr als 10 Jahren eine Rainfarn (*Tanacetum*)-Wermut (*Artemisia*)-Steppe erhalten, die das Aufkommen von Gehölzen verhindert (GUTTE 1971), während auf armen Böden, bei geringerer Konkurrenz der Kräuter, die Überlebenschancen der Baumkeimlinge weitaus höher sind. Die Entwicklung einer für das Pflanzenwachstum günstigen Bodenstruktur wird durch einseitige Anreicherung von Rohhumus beeinträchtigt, andererseits durch die Freß- und Bewegungstätigkeit der Bodenfauna so stark gefördert, daß bei Arten mit geringem Ausbreitungspotential u. U. sogar eine Impfung empfohlen wird (Regenwürmer der Gattungen *Allolobophora* und *Lumbricus*, DUNGER 1968).

Auslaugungen von Kippen und Halden des Braunkohlenbergbaus können auch in Fließgewässern über weite Strecken zu einer starken Verödung führen, nicht nur auf Grund ihres hohen Gehaltes an Schwefelsäure und Eisen II-Ionen, sondern, bei allmählichem pH-Anstieg, auch durch Abscheidung großer Mengen an Eisenoxidhydrat (Näh. s. WALTER 1966).

Die Schwefelsäure übt auch einen nachhaltigen Einfluß auf den Grundchemismus und den Verlauf der Erstbesiedlung von Tagebaurestseen aus. Sie kann noch im Boden oder im Grundwasser mit den vorhandenen Feldspaten und Tonmineralien in unterschiedlicher Weise reagieren. Dadurch enthält das Wasser nicht nur hohe Mengen an gelöstem Eisen, sondern z. T. auch an Aluminium.

Die meisten Tagebau-Restseen sind extrem nährstoffarm. Auch der oft noch niedrige pH-Wert verhindert eine nennenswerte Phytoplanktonproduktion. Wenn Oberflächenwasser zufließt, das einen hohen Gehalt an Kalziumbikarbonat aufweist (Karbonathärte), stellt sich im Verlauf des Neutralisierungsprozesses mit der Zeit ein neues Lösungsgleichgewicht ein. Das sich bildende Eisenoxidhydrat und Aluminiumhydroxid bindet die eventuell vorhandenen gelösten Phosphorverbindungen weitgehend. Sofern diese Metallhydroxide der Sedimentation unterliegen, entspricht die Sichttiefe des Wassers der von ausgesprochenen Klarwasserseen, ist dementsprechend dann höher als in den meisten natürlichen Seen der DDR, die fast ausnahmslos einer erheblichen Belastung mit Pflanzennährstoffen ausgesetzt sind. Zum anderen ist aber in den meisten Seen der Bergbaufolgelandschaften der Gehalt an freier Schwefelsäure primär so groß, daß Baden, Trinkwassergewinnung oder fischereiliche Nutzung nicht möglich sind. Bei einer Sanierung muß vor allem der extrem hohe Kalkbedarf des Wassers kompensiert werden, beispielsweise durch eine vorgeschaltete Neutralisierung saurer Grubenwässer mit stark alkalischen (pH 11) Kraftwerksabwässern. Restseen, denen nur Oberflächen- und Sickerwässer von sulfidreichen Tertiärkippen zufließt, weisen u. U. noch nach 60 Jahren einen pH-Wert von nur 3,2 auf, und höhere Vegetation fehlt (bis auf die Rasenbinse *Juncus bulbosus* Näh. s. PIETSCH 1965) vollständig. Andererseits ist bei normalem Wasserchemismus bereits nach 10 bis 15 Jahren ein geschlossener Gürtel von Überwasserpflanzen ausgebildet, welcher der Gras-Stufe der Landvegetation entspricht.

Im statistischen Mittel ist auch bei den sauren Restgewässern eine Änderung in Richtung auf ein neues Gleichgewicht zu beobachten. Wie Abbildung 15 zeigt, weist die Mehrzahl der in der Lausitz vorhandenen Restgewässer[1] im Verlauf von einigen Jahrzehnten eine drastische Verringerung des Gesamtsalzgehaltes auf. Im günstigsten Falle ändert sich auch die Ionenkomposition, und aus Wässern mit Vorherrschen von Kalziumsulfat geht ein Wasserkörper hervor, der dem normalerweise in Binnengewässern vorherrschenden geochemischen Lösungsgleichgewicht, dem Kalziumbikarbonat-Typ, entspricht. Wichtiger ist jedoch die gleichzeitig erfolgende Verringerung des Gehaltes an gelösten Eisenverbindungen. Diesen Eliminationsprozeß zu beschleunigen, z. B. durch Einsatz von alkalischen Asche-Spülwässern aus Kraftwerken in einer vorgeschalteten Stufe, ist bereits eine Aufgabe der Wiederurbarmachung, für die der Bergbau verantwortlich ist. Andernfalls sind bei einer Wiederverwendung des Wassers Störungen zu erwarten, z. B. durch Bildung großer Mengen an Eisenocker. Es handelt sich beim Eisen und auch beim Aluminium übrigens um die gleichen Elemente, die den eutrophierten Seen bzw. ihren Zuflüssen (bei der Abwasserbehandlung)

---

[1] Die tabellarische Zusammenstellung der Werte verdankt der Verf. Herrn Dr. habil. W. PIETSCH.

mit einem erheblichen Kostenaufwand zugesetzt werden müssen, um das gelöste Orthophosphat zu binden. Da andererseits die Tagebau-Restseen primär oligotroph sind, verdient gerade für die DDR die Möglichkeit, in der Nähe dichtbesiedelter Industriegebiete neue Klarwasserseen zu schaffen, die vor allem der Erholungsnutzung dienen können, große Beachtung. Ein gutes Beispiel bietet bereits der 11 km² große Senftenberger See. Allerdings

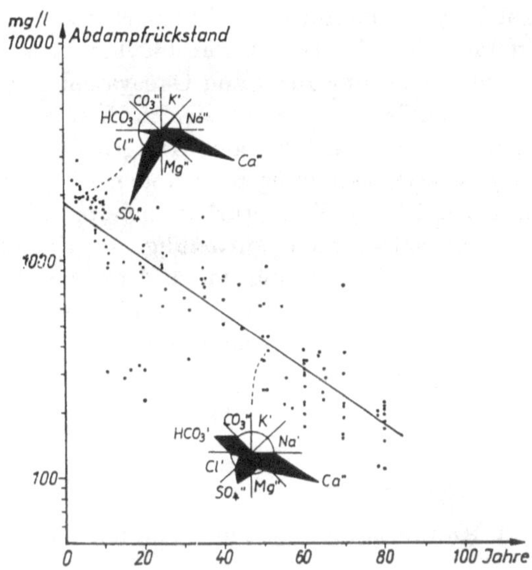

Abb. 15. Gesamt-Salzgehalt (Abdampfrückstand) des Wassers in Tagebau-Restgewässern der Lausitz, dargestellt in Beziehung zum Alter des Gewässers. Nach Pietsch (1970) verändert und ergänzt durch zusätzliche Zahlenwerte (Pietsch, persönl. Mitt.)

muß die für eine Erholungsnutzung erforderliche Abflachung des Ufers bereits zu einer Zeit erfolgen, in der die dafür geeigneten bergbaulichen Großgeräte noch zur Verfügung stehen. Bis 1995 werden in diesem Raum Restseen mit einer Gesamtfläche von ca. 50 km² entstehen bzw. vorhanden sein (Rindt 1975). Wenn man annimmt, daß die in Abbildung 15 eingezeichnete Gerade den durchschnittlichen Verlauf eines natürlichen Alterungsprozesses widerspiegelt (was nicht völlig sicher ist), zeigt die recht kleine Zeitkonstante dieses Prozesses, daß wertvolle Wasservorräte über viele Jahrzehnte jeglicher Nutzung entzogen bleiben, wird nicht der Grundchemismus des Wassers durch technische Eingriffe gezielt verändert.

Bergbaufolgelandschaften, die sich selbst überlassen bleiben, weisen je nach Standortbedingungen einen unterschiedlichen zeitlichen Gradienten der Neuansiedlung von Pflanzen- und Tierarten auf. Auf älteren Halden aus nicht toxischem Material stellt sich, durch das geringe Nährstoffangebot bedingt, ein z. T. sehr beachtlicher Artenreichtum ein. Manche Halden stehen ihres Orchideenreichtums wegen sogar unter Naturschutz (RANFT 1966). Es liegt sicherlich im Interesse der sozialistischen Landeskultur, an geeigneten Stellen bewußt solche Refugien für Organismenarten zu schaffen, die sonst, bei Vorherrschen intensiv bewirtschafteter Flächen, vom Aussterben bedroht sind. Dies gilt nicht nur für Land-Ökosysteme, sondern auch für Sumpf- und Wasserorganismen, für die sich z. B. in aufgelassenen, aber nicht als Deponien genutzten Lehm- oder Kiesgruben in verhältnismäßig kurzer Zeit günstige Lebensbedingungen einstellen.

Ökonomisch gesehen ist die Wiederurbarmachung und Rekultivierung von Bergbaufolgelandschaften recht aufwendig, die Kosten erreichen und überschreiten z. T. die Größenordnung von 1 M pro m². Der gesamtgesellschaftliche Aufwand läßt sich verringern, wenn bereits von vornherein, vor dem Abbau, die künftigen Standortverhältnisse und Nutzungen noch umfassender berücksichtigt werden, als das bisher der Fall war (BAUER/WEINITSCHKE 1972). Dabei sind auch die ökologischen Sachverhalte von großer Bedeutung.

3. Restaurierung von eutrophierten Seen

Die meisten Seen in der DDR sind auf Grund einer verhältnismäßig geringen Tiefe und eines nur schwachen Wasserdurchsatzes außerordentlich stark anfällig gegen eine erhöhte Belastung mit Pflanzennährstoffen. Sehr viele von ihnen weisen Symptome der weit fortgeschrittenen Eutrophierung wie z. B. Sauerstoffschwund im Tiefenwasser und Massenentwicklungen von Planktonalgen auf. In dem Maße, in dem sich die Klarheit des Wassers verringert, sinkt aber auch seine Attraktivität für die Erholung (Baden) und Trinkwassergewinnung.

Da die meisten Seen-Einzugsgebiete einer intensiven land- oder forstwirtschaftlichen Nutzung mit noch weiterhin zunehmendem Einsatz von Mineraldünger oder Gülle unterliegen, außerdem die Belastung mit nährstoffreichen kommunalen Abwässern ansteigt, weil auch die kleinen Ortschaften in zunehmendem Maße an Zentralwasserversorgungen angeschlossen wurden, ist die Erhaltung einer Wasserbeschaffenheit, die anspruchsvollen Nutzungen genügt, auf die Dauer nur durch erhebliche Aufwendungen für

Sanierungsmaßnahmen möglich. Der Gehalt des den Seen zufließenden Wassers an gelöstem Orthophosphat (und anorganischen Stickstoffverbindungen) muß durch Erweiterung der Abwasserbehandlungsanlagen oder durch landwirtschaftliche Verwertung des Abwassers so weit verringert werden, daß für den See eine Belastung von 0,3···1,1 mg P pro m^2 Seeoberfläche und Jahr nicht überschritten wird (UHLMANN 1968, VOLLENWEIDER 1968).

Am günstigsten ist es, wenn von vornherein gewährleistet wird, daß Klarwasserseen auch als solche erhalten bleiben und gar nicht erst eutrophieren. Solchen prophylaktischen Maßnahmen, die in der DDR schon durch das Fehlen von Eigentumsschranken begünstigt werden, steht die Seen-Therapie und -Kosmetik gegenüber, die in der Lage ist, die besonders unerwünschten Symptome wirksam zu bekämpfen, ohne allerdings etwas an den Ursachen zu ändern. Das soll keine generelle Abwertung sein, sondern nur ein Hinweis darauf, daß die nachträgliche Reparatur bereits eingetretener Schäden weitaus höhere Kosten verursacht als die Beeinflussung der Schadursachen. Insgesamt gesehen ergeben sich drei Ansatzpunkte für großtechnische Maßnahmen zur P-Elimination:

1. Entfernung der Phosphorverbindungen bei der Abwasserbehandlung
2. Erfassung der diffusen Phosphorquellen, z. B. des Oberflächenabflusses von erosionsgefährdeten und stark gedüngten (z. B. mit Gülle behandelten) landwirtschaftlichen Nutzflächen durch Vorschaltung von künstlichen Gewässern (z. B. Vorbecken), die speziell der P-Elimination dienen
3. Fällmittelzugabe in das Gewässer, anschließende Flockung der (oft in kolloidaler Form vorliegenden) Fällungsprodukte.

Wie Abbildung 16 zeigt, kann durch Zugabe von 10 mg Fe/l (als III-Chlorid) der Orthophosphatgehalt im Gewässer um 70···90% verringert werden. Bei einem See mit einem Stauvolumen von 50 Mio m^3 bedeutet das aber bereits eine Eisen-Menge von 500 t, die mit einem zusätzlichen hohen Energieaufwand vom Schiff oder vom Flugzeug aus zugegeben werden muß. Zweifellos ist es sehr viel günstiger, das Orthophosphat durch Zugabe von Eisen- und Aluminiumionen dort zu binden, wo es in hoher Konzentration vorliegt, vor allem bei der Abwasserbehandlung, als das gesamte Wasservolumen eines großen Sees mit diesen Fällmitteln behandeln zu müssen.

Vielfach wird es erforderlich sein, Prophylaxe und Therapie zu kombinieren, beispielsweise bei einer Sanierung des Einzugsgebietes von Seen, die bereits stark eutrophiert sind. In diesem Falle muß unbedingt die erhebliche Zeitverzögerung zwischen Verringerung der Nährstoffzufuhr von außen und Einstellung einer neuen Gleichgewichtslage im See selbst berücksichtigt werden. Seen, deren Wasserkörper sich nur langsam erneuert und in dessen Bodensediment sich große Phosphatvorräte akkumuliert haben, reagieren auf eine stufenförmige Verringerung der Nährstofflast so träge, daß der Übergang zu der neuen Gleichgewichtseinstellung nicht selten Jahrzehnte beanspruchen würde.

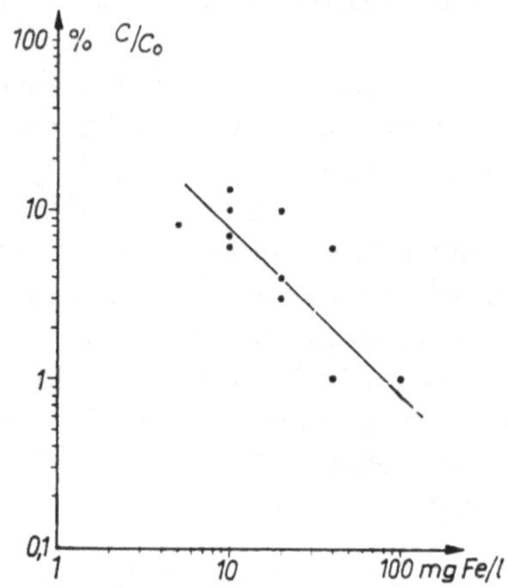

Abb. 16. Gegenüberstellung von prozentualem Rückgang der Konzentration C des gelösten Orthophosphats und Zugabe an Fällmittel (Eisen-III-Chlorid) in nährstoffreiche Gewässer. Nach Zahlenangaben in: RUDOLF u. UHLMANN (1968)

Damit der Nutzen der im Einzugsgebiet getätigten Investitionen bald sichtbar wird, ist es daher erforderlich, auch die interne Kreislaufnutzung der bereits im See vorhandenen Nährstoffvorräte zu unterbrechen. Dies kann in flachen Seen oft nur durch Entfernung eines Teils des Bodenschlammes erreicht werden (Abb. 18), in anderen Fällen kann z. B. die Zugabe von Fällmitteln oder die künstliche Ableitung des Tiefenwassers (vgl. PECHLANER u. SCHULZ 1973) zum Erfolg führen. Einen Gesamtüberblick über die gegenwärtig bekannten und erprobten Technologien zur Sanierung und Restaurierung von Seen vermittelt die Abbildung 17. Meistens müssen mehrere Maßnahmen kombiniert und sehr sorgfältig aufeinander abgestimmt werden. Wie Abbildung 18 zeigt, kann die Entschlammung eines Flachsees, der über Jahrzehnte hinweg einer hohen Belastung mit Pflanzennährstoffen ausgesetzt gewesen war, einen sofortigen Rückgang der Blaualgen-Wasserblüten zur Folge haben, weil die entscheidende Ursache, der zu hohe Phosphatgehalt im See, mit erfaßt wird (HAMM 1975).

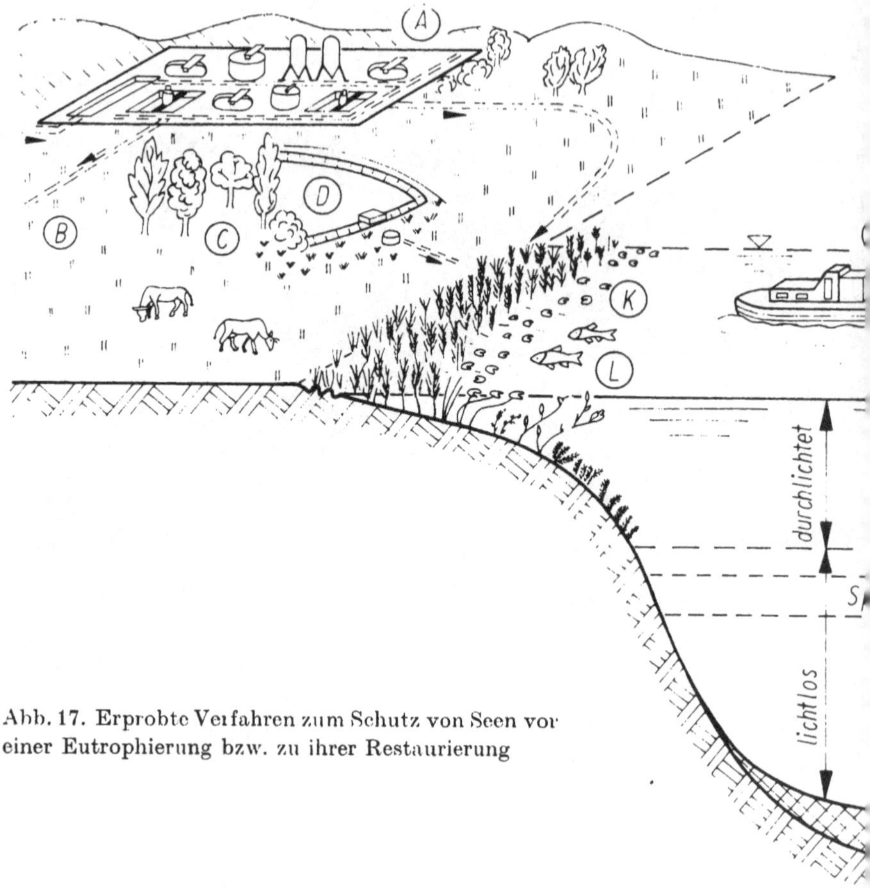

Abb. 17. Erprobte Verfahren zum Schutz von Seen vor einer Eutrophierung bzw. zu ihrer Restaurierung

Prophylaktische Maßnahmen

A Einleitung von Abwasser nur nach weitgehender (mechan. + biol. + chem. Behandlung

B Umleitung und landwirtschaftl. Verwertung des vorgereinigten Abwassers

C Nährstoffrückhaltung im Einzugsgebiet durch geeignete Bewirtschaftungs formen bei der Pflanzenproduktion (einschl. Erosionsschutz)

D Vorschaltung künstlicher Gewässer

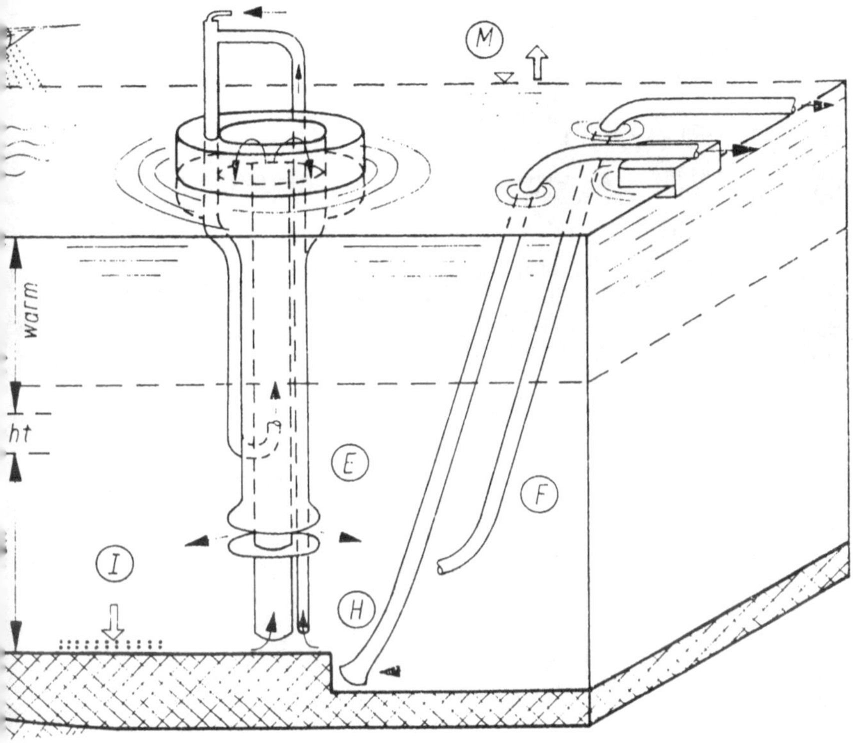

herapeutische Maßnahmen

Künstliche Belüftung des Tiefenwassers
Ableitung des Tiefenwassers
Zugabe von Fällmitteln
Entfernen des Schlammes (außerdem Fällmittelbehandlung des zurückgeführten Wassers)
Isolierung des Bodensediments
Biologische Bekämpfung von höheren Wasserpflanzen („Graskarpfen" *Ctenopharyngodon idella*)
Biologische Bekämpfung des Phytoplanktons (Silberkarpfen *Hypophtalmichthys molitrix*)
Seespiegel-Erhöhung

In manchen Fällen führt bereits eine 50%ige Verringerung des insgesamt verfügbaren Phosphorvorrates bei Flachseen dazu, daß sich am Gewässergrund Armleuchteralgen ansiedeln, welche nicht nur die Nährstoffe in solchem Umfang inkorporieren, daß sich keine Plankton-Wasserblüten mehr bilden können, sondern durch Sauerstoffproduktion und Verringerung des vertikalen Austausches in den bodennahen Wasserschichten einer Rückführung des im Schlamm gebundenen Phosphors in die Freiwasserregion entgegenwirken.

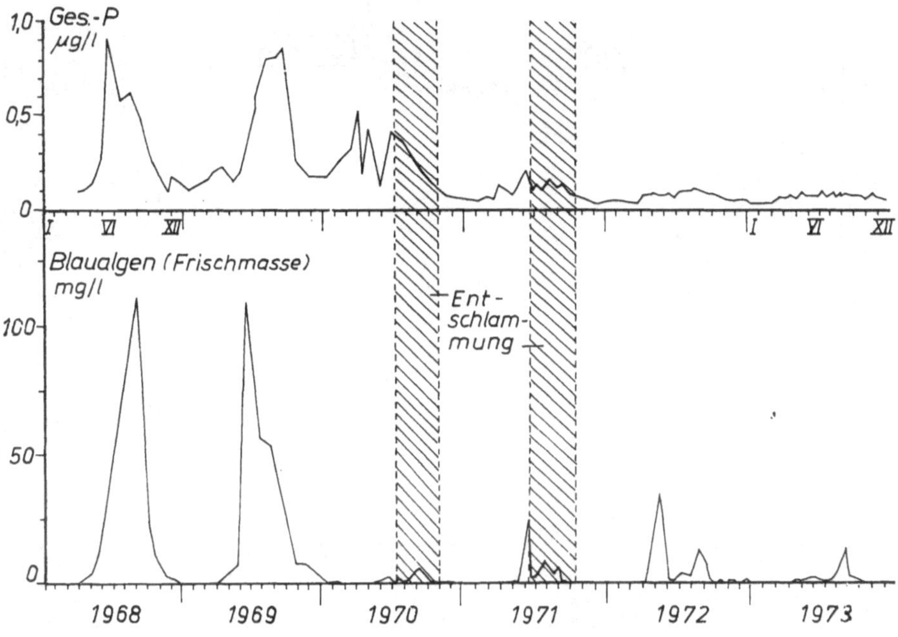

Abb. 18, Auswirkung der Entschlammung eines extrem stark abwasserbelasteten und eutrophierten Flachsees auf den Rückgang der Blaualgen-Wasserblüten. Kombiniert nach BENGTSSON u. Mitarb. (1975) und CRONBERG u. Mitarb. (1975).

Andererseits ist nicht zu übersehen, daß manche der in Abbildung 17 dargestellten therapeutischen Maßnahmen sich bei großen Seen in Anbetracht der enormen Kosten verbieten, z. B. eine laufende Zugabe von Fällmitteln. Zu den Maßnahmen, die auf Abbildung 17 nicht mit dargestellt werden konnten, gehört die Regenerierung des an stark beanspruchten Seen oft weitgehend verschwundenen, aber schon für den Uferschutz dringend erforderlichen Schilfgürtels (SEIDEL 1974).

Obwohl die bisher bei der Seenrestaurierung erzielten Erfolge im internationalen Rahmen so groß sind (vgl. Abb. 19), daß der Einsatz der meist erheblichen Mittel voll gerechtfertigt erscheint, (vgl. DUNST u. BORN 1974), muß gegenwärtig festgestellt werden, daß zwar die Belastbarkeitsgrenzen der Seen genau genug gekennzeichnet werden können, aber erst sehr unzureichende Kenntnisse darüber vorliegen, zu welchem Zeitpunkt welche prozentuale Verbesserung der Wasserbeschaffenheit des Sees mit einer bestimmten Wahrscheinlichkeit zu erwarten ist. Dies gilt allerdings nicht nur für

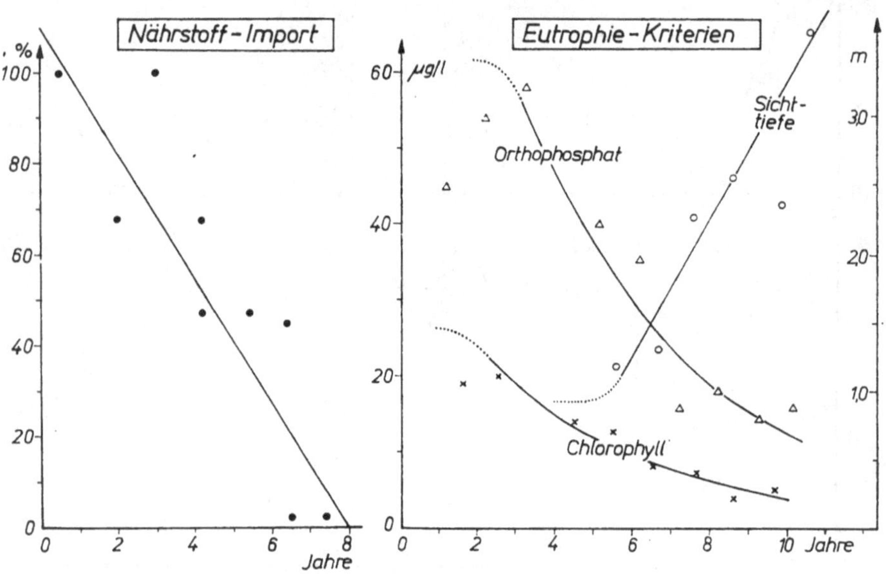

Abb. 19. Beziehung zwischen Rückgang der Nährstofflast, bedingt durch umfassende Sanierung des Einzugsgebietes, und Veränderung einiger Kriterien der Wasserbeschaffenheit in einem See mit starker Wassererneuerung. Nach EDMONDSON (1972), stark verändert

Seen, sondern ganz allgemein für den Kenntnisstand, den eine Beschreibung des dynamischen Verhaltens von Ökosystemen voraussetzt. Besonders große Bedeutung besitzt in diesem Zusammenhang die Kenntnis der Geschwindigkeitsbeiwerte all jener Prozesse, die im Gewässer für eine Verringerung des Nährstoffgehaltes maßgebend sind. Dies soll am Beispiel des Orthophosphates gezeigt werden.

Bei Substanzen, die in keinem nennenswertem Umfang in biochemische Stoffumwandlungsprozesse einbezogen werden, ist die zeitliche Verringerung der Konzentration eine Funktion des Wasserdurchsatzes. Dieser kann als sog. Verdünnungsrate (= Kehrwert der mittleren theoretischen Verweilzeit des Wassers) mit negativem Vorzeichen als Exponent in eine einfache Abklingkurve eingesetzt werden. Beim Orthophosphat liegen die Dinge insofern etwas komplizierter, als davon in der durchlichteten Schicht der Großteil von grünen Wasserpflanzen, vor allem vom Phytoplankton, aufgenommen, andererseits beim mikrobiellen Abbau der „Planktonleichen" im Tiefenwasser wieder zu einem erheblichen Prozentsatz freigesetzt wird. Die stetige Zunahme phosphorreichen Bodensediments in eutrophierten Seen weist darauf hin, daß ein Teil des dem See zugeführten Phosphors irreversibel im Bodenschlamm eingelagert wird. Die an Seen gewonnenen empirischen Befunde zeigen auch, daß der Geschwindigkeitsbeiwert B der Sedimentation eine ähnliche große Bedeutung für eine potentielle Verringerung des P-Gehaltes besitzt wie die Verdünnungsrate D.

Kombinierter Einfluß von Wassererneuerung und Sedimentation auf die zeitliche Änderung des Gehaltes an gelösten Phosphorverbindungen:

$$C = C_0 \exp -(B + D)\, t + C^*(1 - \exp -(B + D)\, t) \tag{3}$$

C = Konzentration zum Zeitpunkt t
B = Geschwindigkeitsbeiwert der P-Verringerung durch Sedimentation (pro Jahr)
D = Geschwindigkeitsbeiwert der Wassererneuerung (pro Jahr)
C_0 = Konzentration im Wasserkörper zu Beginn der Sanierungsmaßnahmen
C^* = Konzentration im zufließenden Wasser nach Abschluß der Sanierungsmaßnahmen im Einzugsgebiet

Nach Vollenweider (1975) bewegt sich B normalerweise in der Größenordnung von 0,1···1,0 a^{-1} und beträgt im Mittel 0,5 a^{-1}. Nimmt man für die in der DDR vorherrschenden Seen, denen auf Grund des meist nur geringen Wasserdurchsatzes weitaus kleinere Mengen an phosphorbindenden Eisenoxidhydraten und Tonmineralien zugeführt werden als z. B. den Trinkwassertalsperren, an, daß B nur den Wert von 0,1 a^{-1} erreicht, so hat dies dennoch ganz entscheidenden Einfluß auf die Zeitdauer, die nach Abschluß von Sanierungsmaßnahmen bis zur Einstellung des neuen Gleichgewichtszustandes erforderlich ist.

Wie Abb. 20 zeigt, beträgt bei einem See mit 40 Jahren Verweilzeit, dessen Phosphorimport durch Sanierungsmaßnahmen stark verringert worden ist ($C^* = 0{,}2\, C_0$) bei völlig fehlender Verringerung des P-Gehaltes durch Sedimentationsprozesse ($B = 0$), die Halbwertzeit für gelöstes Orthophosphat rund 35 Jahre. Dieser Rückgang des P-Vorrates auf 50% hat aber bei stark eutrophierten geschichteten Seen u. U. noch keine nennenswerte Verringerung der Eutrophierungssymptome zur Folge. Eine sehr weitgehende

Verbesserung wäre auf alle Fälle erst nach viermaliger Wassererneuerung, d. h. nach 160 Jahren, zu erwarten. Erreicht hingegen die Sedimentationsrate den Wert von 0,1 a^{-1}, so beträgt die Halbwertszeit nur noch 10 Jahre, und bereits nach 25 Jahren ist eine weitgehende Annäherung an das endgültige Gleichgewicht erreicht. Sollte es gelingen, durch Einsatz von Fäll- und Flokkungshilfsmitteln die Sedimentationsrate auf 0,5 a^{-1} zu steigern, ist auch

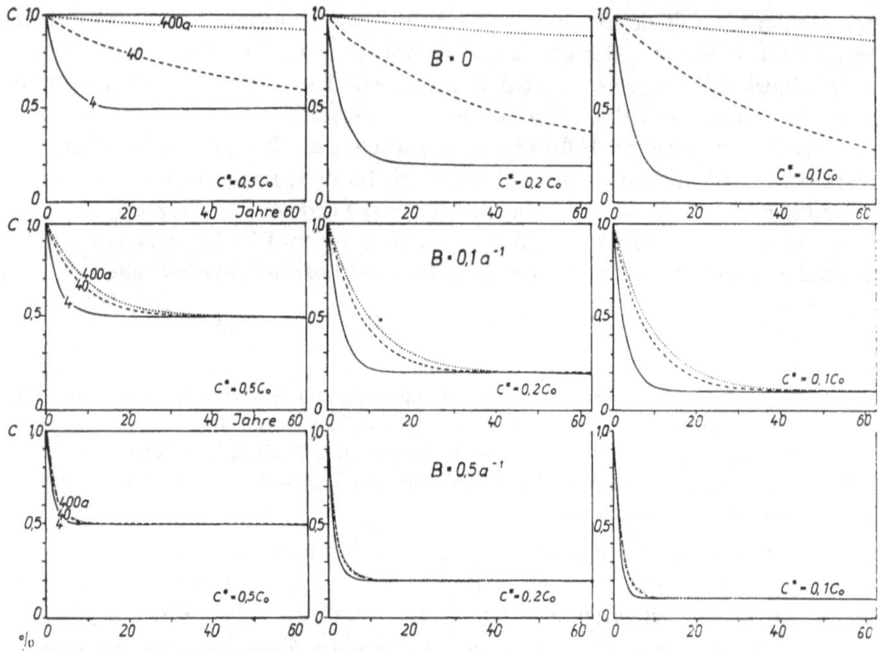

Abb. 20. Theoretisch zu erwartender Rückgang (Gl. 3) des Gehaltes C an gelöstem Orthophosphat im Wasserkörper von Seen unterschiedlicher Wassererneuerung (theoretische Verweilzeit 4, 40, 400 Jahre) bei unterschiedlichen Werten der Verringerung B des P-Gehaltes durch Sedimentationsprozesse und des durch Sanierungsmaßnahmen erreichten neuen Konzentrationsniveaus C^* im zufließenden Wasser

eine sehr lange Verweilzeit des Wassers nicht mehr in der Lage, die Neueinstellung des Gleichgewichts wesentlich zu verzögern. Leider sind die gegenwärtigen Kenntnisse über Höhe und Schwankungsbreite der Sedimentationsrate noch außerordentlich gering, und die kostenaufwendige Zugabe von Fällmitteln erfolgt vorerst nur nach der Methode des Versuchs und Irrtums.

In stark eutrophierten Seen, deren Bodensediment einen sehr hohen Gehalt an Phosphorverbindungen aufweist, kann eine künstliche Verringerung der Orthophosphatkonzentration im Tiefenwasser dazu führen, daß bis zur Einstellung eines neuen Gleichgewichts die Rücklieferung vom Bodensediment an den Wasserkörper größer ist als der P-Rückgang durch Sedimentation, d. h. B geht gegen Null oder wird sogar negativ. Bis jetzt gibt es keine Möglichkeit, die Rücklieferungsrate auch nur einigermaßen exakt vorauszuberechnen. An diesem Beispiel soll demonstriert werden, in welch erheblichem Umfang Größen, die bisher sehr wenig bekannt sind, den Wirkungsgrad von Maßnahmen zur Lenkung des Stoffumsatzes in Ökosystemen beeinflussen können, und daß großtechnische Eingriffe in die Struktur von Ökosystemen auch die Entwickung der dazugehörigen naturwissenschaftlichen Grundlagendisziplinen voraussetzen.

Der Sachverhalt ist in Abbildung 20 insofern stark vereinfacht dargestellt, als die berechneten Halbwertszeiten eine gleichmäßige Verteilung des Orthophosphats im gesamten Wasserkörper voraussetzen. Dies ist aber nur während der Frühjahrs- und Herbst-Vollzirkulation der Fall. Im Sommer und Winter besteht eine Konzentrationsschichtung mit dem höchsten Orthophosphatgehalt unmittelbar am Gewässergrund. Wenn daher der Abfluß des Wassers oberflächlich erfolgt, erreicht die Verweilzeit des Orthophosphats einen höheren, bei Wasserentnahme aus der Tiefe (wie bei Talsperren und bei künstlicher Ableitung aus dem Hypolimnion, Abb. 17), einen niedrigeren Wert als in einem homogenen Wasserkörper. Durch Entnahme von Tiefenwasser während der Sommerstagnation kann die Oligotrophierung eines Sees wesentlich beschleunigt werden, z. B. die des Arendsees (Altmark) um den Faktor 5, bezogen auf Entnahme von Orthophosphat. Bei Klarwasserberegnung von landwirtschaftlichen Nutzflächen durch Entnahme aus dem See bringt der Nährstoffgehalt des Tiefenwassers einen zusätzlichen Nutzen (Klapper 1974 u. persönl. Mittl). In analoger Weise kann der bei der Sanierung eines Sees entnommene Bodenschlamm als hochwertiges Bodenverbesserungsmittel, z. B. für Obstplantagen, Verwendung finden (Kalbe 1975, persönl. Mitt.).

4. „Einheit von Ökologie und Ökonomie"

Als Grundlage für ingenieurtechnische Alternativentscheidungen ist künftig eine genauere Kenntnis des dynamischen Verhaltens von Ökosystemen erforderlich. Gemessen an der Tragweite vieler Entscheidungen über große Investitionsvorhaben ist der Umfang des Datenmaterials, das den zeitlichen Verlauf der Beschaffenheit der in Anspruch genommenen Ökosysteme beschreibt, außerordentlich gering. Da andererseits die fortgeschrittenen Degradierungsprozesse unerwartet schnell verlaufen, erscheint es erforderlich, parallel zum Aufbau der dringend notwendigen Meß- und Überwachungssysteme auch die Technologien zu entwickeln, die für eine Restaurierung gebraucht werden, sowie die naturwissenschaftlichen Grundlagen, welche die Voraussetzung für die Wahl der richtigen Lösung bzw. für den Einsatz der im Regelfall sehr erheblichen ökonomischen Mittel bilden (vgl. LÜDEMANN 1974). Keinesfalls kann mit der Anwendung großtechnischer Reparatur-Maßnahmen noch so lange gewartet werden, bis alle wesentlichen Kausalbeziehungen bekannt sind, auf denen die Reaktion eines Ökosystems gegenüber einer Belastung beruht.

Bei Planungsmaßnahmen, die mit technischen Eingriffen in natürliche oder mit der Schaffung künstlicher Ökosysteme verbunden sind, verdienen vor allem jene Naturprozesse besondere Beachtung, die mit langen Verzögerungen einhergehen und nicht durch den Einsatz der Technik verkürzt werden können. Deshalb ist es erforderlich, den Zeithorizont auf vier bis fünf Jahrzehnte auszudehnen, wenn vermieden werden soll, daß kurzfristige Wachstumseffekte eine stark zunehmende Belastung der Ökosysteme zur Folge haben und damit auf Kosten der künftigen Entwicklung unserer Volkswirtschaft erfolgen. „Dazu müssen auch die zeitlich ferneren Folgen des wissenschaftlich-technischen Fortschritts für den Menschen und seine natürliche Umwelt erforscht werden. Es darf nicht so kommen, daß künftige Generationen für manches, was uns heute als große technische Errungenschaft erscheint, einen unerhört hohen Preis zu zahlen haben.“ (Autorenkollektiv 1972). Da die natürlichen Umweltbedingungen auf lange Sicht nur in dem Maße genutzt werden können, in dem eine Erneuerung möglich ist, stellt die (eingeschränkte!) Reproduktionsrate der Ökosysteme eine besonders wichtige Größe dar, die bei der Ableitung von Prioritäten auf der politischen Ebene berücksichtigt werden muß.

Von der physikalischen und der biogeochemischen Erneuerungsrate hängen in starkem Maße sowohl die Störanfälligkeit als auch die Belastbarkeit von Ökosystemen ab. Daher ist der gesellschaftliche Aufwand, den eine Regenerierung von devastierten Ökosystemen erfordert, auch maßgebend für ihre Einordnung in ökonomische Kategorien. Wenn Regenerierungsmaßnahmen erst in dem Moment beginnen, in dem die bereits eingetretenen Schäden das noch tragbare Ausmaß übersteigen, ist bei dem erheblichen Einfluß von Naturprozessen mit kleinen Zeitkonstanten bzw. langen Bremswegen damit zu rechnen, daß eine nachhaltige Besserung u. U. erst nach Jahrzehnten einsetzt. Dabei ist besonders zu berücksichtigen, daß ausgesprochene Hochleistungs-Ökosysteme (belastete Fließgewässer, intensiv bewirtschaftete Feldflächen) sich sehr viel schneller erneuern als geringproduktive, artenreiche Ökosysteme wie z. B. Klarwasserseen oder unter Naturschutz stehende Pflanzengemeinschaften.

Als weitere wichtige Schlußfolgerung ergibt sich, daß noch vor dem Zeitpunkt, zu dem neue Produktionskapazitäten in Betrieb genommen werden, die einen schädigenden Einfluß auf Ökosysteme ausüben können, die Überwachung der Schadstoffemission bereits funktionieren muß.

Das „Gesetz über die planmäßige Gestaltung der sozialistischen Landeskultur" in der DDR schreibt dementsprechend vor, daß die notwendigen Einrichtungen „planmäßig geschaffen und mit dem festgelegten Wirkungsgrad zum Zeitpunkt der Produktionsaufnahme ... in Betrieb genommen werden" (§ 27).

Das oft erhebliche Pufferungsvermögen und die großen Zeitverzögerungen begünstigen bei Ökosystemen oftmals eine starke Unterschätzung des zu einem bestimmten Zeitpunkt bereits eingetretenen Schadens und zwingen zu äußerst aufwendigen nachträglichen Korrekturmaßnahmen. Den gesamtgesellschaftlichen Interessen wird aber bei Vorgängen, bei denen eine Rückmeldung oft mehr als 20, mitunter sogar mehr als 100 Jahre erfordert, eine Regelung auf der Grundlage des Versuchs und Irrtums nur in geringem Maße gerecht. Eine Steuerung im Sinne einer vorausschauenden Planung erfordert andererseits eine ausreichend genaue Kenntnis des Zieles. Der vorliegende Beitrag soll darauf hinweisen, daß bei der Inanspruchnahme von Ökosystemen die Sicherheit, mit der dieses Ziel erreicht werden kann, in erheblichem Ausmaß auch durch naturwissenschaftliche Gesetzmäßigkeiten bestimmt wird.

Die dargestellten Beispiele sollen des weiteren zeigen, daß der hohe Entwicklungsstand der Technik auch dazu genutzt werden muß, den Stoffumsatz in Ökosystemen innerhalb bestimmter Grenzen zu lenken, vor allem durch eine Beschleunigung von Stofftransport und Neubesiedlungsprozessen sowie durch die Erhöhung des Abbau- bzw. Schadstoffbindungspotentials. Zweifellos wird der Aufwand, der für eine Reproduktion der natürlichen Umweltbedingungen erforderlich ist, weiterhin relativ stark zunehmen. Andererseits bietet die sozialistische Ordnung im Prinzip alle Voraussetzungen dafür, daß der gesellschaftliche Nutzen die höchste Priorität erhält, und daß Wirtschaftswachstum und Sicherung der natürlichen Existenzbedingungen des Menschen, zu denen neben dem materiellen Konsum auch Komponenten gehören, die stark von der natürlichen Umwelt abhängen, wie z. B. Gesunderhaltung, Wohlbefinden und Erholung (Schamin 1975), nicht, auf lange Sicht gesehen, in ein alternatives Verhältnis geraten (Autorenkollektiv 1974).

LITERATUR

Autorenkollektiv (1972): Der Umweltschutz. Internationale Diskussion von Marxisten. Probleme des Friedens und des Sozialismus **15**, 5, 734–742

Autorenkollektiv (1974): Reproduktion der natürlichen Umweltbedingungen. Forsch.-ber. Zentralinst. Wirtschaftswissenschaften AdW Berlin (Akademie-Verlag)

Barthel, H. u. Mitarb. (1965): Zur Wiederurbarmachung der Halde Espenhain. Wiss. Z. TU Dresden **14**, 3, 505–520

Bauer, L., H. Weinitschke (1973): Landschaftspflege und Naturschutz als Teilaufgaben der sozialistischen Landeskultur. Jena (Fischer)

Beamish, R. J. (1974): Loss of fish populations from unexploited remote lakes in Ontario, Canada, as a consequence of atmospheric fallout of acid. Water Research **8**, 85–95

Beitz, H. (1974): Ausgewählte Probleme unerwünschter Nebenwirkungen beim Einsatz von Pflanzenschutzmitteln. Tag.-Ber. Akad. Landwirtschaftswissensch. DDR **126**, 41–47

Bouchet, M. (1973): Sur le peuplement végétal des anciens bassins de décantation de la vallée de la Meurthe. C. R. Acad. Sci. (Paris), Sér. D, **277**, 2709–2712

Bengtsson, L. u. Mitarb. (1975): Lake Trummen restoration project I. Water and sediment chemistry. Verh. Internat. Verein. Limnol. **19**, 1080–1087

Brüning, E. (1962): Zur Rekultivierbarkeit tertiärer Rohbodenkippen des Braunkohlentagebaues. Wiss. Z. Univ. Leipzig Math.-Nat. R. **11**, 2, 325–359

Charney, J. u. Mitarb. (1975): Drought in the Sahara: Biogeophysical feedback mechanism. Science **187**, 434–435

Cramer, F. (1975): Labormäßige Simulation einer Selbstreinigungsstrecke mit Hilfe einer Reaktorkaskade. Diss. Fak. Bau-, Wasser- u. Forstwesen TU Dresden

Cronberg, G. u. Mitarb. (1975): Lake Trummen Restoration project II. Bacteria, phytoplankton and phytoplankton production. Verh. Internat. Verein. Limnol. **19**, 1088–1099

Dammerman, K. W. (1948): The fauna of Krakatau 1883–1933. Verh. Kon. Nederl. Akad. Wet. (Nat.) (2), **44**, 1–594

DEREGMENDZI, A. G. (1975): Dinamika geterogennoj populazija v postojannych i periodičeski menjajuščichsja uslovijach sredy. pp 55—78 in: Sammelband „Dinamika mikrobn. populjazij v. otkryt. sistemach." Krasnojarsk.

DUNGER, W. (1968): Die Entwicklung der Bodenfauna auf rekultivierten Kippen und Halden des Braunkohlentagebaues. Abh. Naturkundemus. Görlitz **43**, 2, 1—256

DUNST, R. C., S. M. BORN (1974): Survey of Lake habilitation techniques and experiences. Techn. Bull. **75** Dpt. Nat. Resourc. Madison, Wisconsin, 1—179

EDMONDSON, W. T. (1972): The present condition of Lake Washington. Verh. Internat. Verein. Limnol. **18**, 284—291

EINARSSON, E. (1973): Invasion of terrestrial plants on the new volcanic Island Surtsey. pp. 253—270 in: Hutnik, R. J. a. G. Davis (Hrgs.), Ecology a. Reclamation of Devastated Land, Vol. 1, New York (Gordon a. Breach)

EPPLEY, R. W. a. P. R. SLOAN (1966): Growth rates of marine phytoplankton: correlation with light absorption by cell chlorophyll a. Physiol. Plant. **19**, 47—59

FENCHEL, T. (1968): The ecology of marine microbenthos III. The reproductive potential of ciliates. Ophelia **5**, 123—136

FRITZSCHE, R. (1974): Probleme der Insektizid- und Akarizidresistenz. Tag.-Ber. Akad. Landwirtschaftswissensch. DDR **126**, 125—132

GEORGII, H. W. (1974): Verkehrsfreie Sonntage: Neue Einblicke in die Quellen der Luftverschmutzung. Umschau in Wiss. u. Techn. **74**, 715—716

GILLMANN, C. (1937): Die vom Menschen beschleunigte Austrocknung von Erdräumen. Z. Ges. f. Erdk. **68**, 81—89

GILROY, D. (1975): The determination of the rate constants of island colonization. Ecology **56**, 915—923

GUENTHER, E. W., H. KLUG (Hrsg.) (1970): Surtsey, Island. Natürliche Erstbesiedlung der Vulkaninsel. Schrift, Naturwiss. Ver. Schleswig-Holstein, Sonderband. Kiel (Lipsius u. Tischer).

GUTTE, P. (1971): Die Wiederbegrünung städtischen Ödlandes, dargestellt am Beispiel Leipzigs. Hercynia N. F. **8**, 1, 58—81

HAMM, A. (1975): Eutrophierungsprobleme am Freudensee (Bayer. Wald), einem Badesee mit ländlichem Einzugsgebiet. Z. Wass. Abwass. Forsch. **8**, 42—46

HASLER, A. D. (Hrsg.) (1972): Man in the living environment. Rep. of the workshop on Global Ecological Problems. Inst. of Ecol., Madison, Wisc.

HEUSS, K. (1975): Die Entwicklung der Besiedlung in einem neuentstandenen Gewässer, dargestellt an den Ciliaten und Wasserkäfern. Symp. Biol. Hung. **15**, Limnology of shallow waters, pp. 265—272. Budapest.

HUPFER, P. (1974): Umweltfaktor Meer — dargestellt unter besonderer Berücksichtigung der Ostsee. Z. Geol. Wiss. **2**, 939—946

JAWORSKI, N. A. u. Mitarb. (1971): Nutrient Management in the Potomac Estuary. Techn. Report 45 Envi. Protect. Agency Water Quality Office Chesapeake Techn. Support Laboratory, 64 pp.

KLAPPER, H. u. Mitarb. (1974): Maßnahmen zum Schutz der Oberflächengewässer vor schädlichen Wirkungen aus der Mineraldüngung. Acta Hydrochim. Hydrobiol. **2**, 203—216

Klemm, G. (1963): Die pflanzliche Besiedlung von Abraumhalden und -kippen der Braunkohlenbergbaureviere des Bezirkes Halle. Dipl. arb. Inst. Syst. Bot. u. Pfl. geogr. Univ. Halle

Laws, E. A. (1975): The importance of respiration losses in controlling the size distribution of marine phytoplankton. Ecology **56**, 2, 419—426

Lehn, H. (1975): Entwicklung des Bodensee-Pelagials seit 1920. Gas- u. Wasserfach **11**, 170—175

Lorenz, W.-D., M. Wünsche (1969): Zum Kulturwert der Deckgebirgsschichten im Bereich der Braunkohlentagebaue der DDR. Bergbautechnik **19**, 9, 471—475

Lüdemann, H. (1974): Gesellschaft und Umwelt pp. 186—206 in Wiss.-Techn. Revolution—Sozialismus—Ideologie. Bd. 2, Dresden (Techn. Univ.)

Müller, H. J. (1974): Entwicklung der Ökologie. Biol. Rdsch. **12**, 1, 30—38

Nikolaev, I. I. (1974): Osnovnie tendenzii v biologii sovremennoi Baltiki. Okeanologija **14**, 1059—1068

Odum, E. P. (1971): Fundamentals of Ecology. 3. Edit. Philadelphia (Saunders)

Olson, J. (1958): Rates of succession and soil changes on Southern Lake Michigan sand dunes. Bot. Gaz. **119**, 125—170

Paul, K. H. (1953): Morphologie und Vegetation der Kurischen Nehrung II. Entwicklung der Pflanzendecke von der Besiedlung des Flugsandes bis zum Wald. Nova Acta Leopoldina N.F. **113**, 16, 263—378

Pechlaner, R., N. Schulz (1973): Die Restaurierung eines eutrophierten Badesees (Reither See, Tirol, Österreich). Ber. Nat.-Med. Ver. Innsbruck **60**, 183—201

Peukert, V., C. Panning (1975): Einfluß anorganischer Luftverunreinigungen auf die Wasserbeschaffenheit von Trinkwassertalsperren. Acta hydrochim. hydrobiol. **3**. 5/6, 545—552

Pietsch, W. (1965): Die Erstbesiedlungs-Vegetation eines Tagebau-Sees. Synökologische Untersuchungen im Lausitzer Braunkohlenrevier. Limnologica **3**, 2, 177—222

— — (1970): Ökophysiologische Untersuchungen an Tagebaugewässern der Lausitz. Habil.-Schr. Fak. Bau-, Wasser- u. Forstwesen, Techn. Univ. Dresden

Ranft, H. (1966): Untersuchungen und Versuche zur Rekultivierung von Erzbergbauhalden des Sächsischen Erzgebirges. Diss. Fak. Forstwirtsch. Techn. Univ. Dresden

Ranft, M. (1975): Zur Veränderung der Pflanzenwelt des Wilsdruffer Landes. Naturschutzarbeit u. naturkundl. Heimatforschg. in Sachsen **17**, 2, 77—82

Richter, W. (1963): Die natürliche Begrünung der Erzbergwerkshalden im Erzgebirge. Dipl.-arb. Inst. Syst. Bot. u. Pfl. geogr. Univ. Halle

Rindt, O. (1975): Bergbaufolgelandschaften. pp. 335—352 in Lohs, Döring, Im Mittelpunkt — der Mensch. Berlin (Akademie-Verl.)

Rudolf, G., D. Uhlmann (1968): Fällmittelzugabe in Gewässer. Fortschr. Wasserchem. Grenzgeb. 8, 268—278

Schamin, V. (1975): Ekologija i ekonomika. Vopr. Ekonomiki **1975**, 8, 90—101

Schubert, R. (1954): Die Schwermetallpflanzengesellschaften des östlichen Harzvorlandes. Wiss. Z. Univ. Halle Math.-Nat. R. **3**, 1, 51—70

SEIDEL, K. (1974): Zur Revitalisierung von Röhrichtbeständen. Naturwissensch. **61**, 12, 688–689

SHELDON, R. W. u. Mitarb. (1973): The production of particles in the surface waters of the ocean with particular reference to the Sargasso Sea. Limnol. Oceanogr. **18**, 5, 719–733

SIMBERLOFF, D. S., E. O. WILSON (1969): Experimental Zoogeography of Islands. I. The colonization of empty islands. II. A model for insular colonization. Ecology **50**, 278–296, 296–314

SMITH, E. W. (1969): Changes in environment and biota of a natural lake after fertilization. J. Fish. Res. B. Can. **26**, 12, 3101–3131

STUBBE, H. (1975): Evolution unter dem Einfluß des Menschen. pp. 203–217 in: LOHS, K. u. S. DÖRING, Im Mittelpunkt — der Mensch. Berlin (Akademie-Verl.)

THIENEMANN, A. (1926): Limnologie. Eine Einführung in die biologischen Probleme der Süßwasserforschung. Breslau (Hirt)

THOMASIUS, H. (1973): Wald, Landeskultur und Gesellschaft. Dresden (Steinkopff)

TILZER, M. (1973): Ein Hochgebirgssee als Objekt der Ökosystemforschung. B. Dynamik der planktischen Urproduktion unter den Extrembedingungen des Hochgebirgssees. pp. 51–59 in: ELLENBERG, H. (Hrsg.): Ökosystemforschung, Berlin (Springer)

UHLMANN, D. (1968): Der Einfluß der Verweilzeit des Wassers auf die Massenentwicklung von Planktonalgen. Fortschr. Wasserchem. Grenzgeb. **8**, 32–47

—, F. CRAMER (1975): Equilibrium and stability in laboratory models of sewage ponds and polluted rivers. Int. Revue ges. Hydrobiol. **60**, 1, 1–16

VOLLENWEIDER, R. A. (1968): Die wissenschaftlichen Grundlagen der Seen- und Fließgewässereutrophierung, unter besonderer Berücksichtigung des Phosphors und des Stickstoffs als Eutrophierungsfaktoren. Organiz. Econom. Cooperat. a. Developm. DAS/DSI/68.27. Paris

— (1975): Input-output models with special reference to the phosphorus loading concept in limnology. Schweiz. Z. Hydrol. **37**, 53–84

WALTER, G. (1966): Ökologische Untersuchungen über die Wirkung FeII-haltiger Braunkohlengruben-Abwässer auf Vorflutorganismen. Wiss. Z. Univ. Leipzig Math.-Nat. R. **15**, 1, 247–269

WILSON, E. O., W. H. BOSSERT (1973): Einführung in die Populationsbiologie. Berlin (Springer)

WOOD, J. M. (1975): Biological cycles for elements in the environment. Die Naturwiss. **62**, 8, 357–364

WÜNSCHE, M. (1963): Die Standortverhältnisse und Rekultivierungsmöglichkeiten der Halden des Zwickau–Lugau–Ölsnitzer Steinkohlenreviers. Freiberger Forsch.hefte C 153, 1–88

*

Der Verfasser dankt Frau Dipl. Biol. I. BAHR für die vielseitige Hilfe bei der Beschaffung der Literatur, Frau E. SCHMIDT, Frau U. MÜLLER und Frau R. LAUTERBACH für das Schreiben des Manuskriptes bzw. die Reinzeichnungen und Reproduktionen der Abbildungen, Herrn GEBHARDT für die Anfertigung der Plastilinmodelle für die Objekte in Abb. 5, Herrn Prof. Dr. H. THOMASIUS und Herrn Prof. Dr. R. SCHUBERT für die Überlassung von nicht veröffentlichten Unterlagen. Besonderen Dank schuldet der Verfasser den Herren Prof. Dr. K. DÖRTER, Prof. Dr. H.-J. MÜLLER und Dr. H. ROOS für die sorgfältige und kritische Durchsicht des Manuskriptes.

SITZUNGSBERICHTE DER SÄCHSISCHEN AKADEMIE DER WISSENSCHAFTEN ZU LEIPZIG

MATHEMATISCH-NATURWISSENSCHAFTLICHE KLASSE

Band 107

Heft 1 Prof. Dr. OTT-HEINRICH KELLER, Die Homologiegruppen der Flächen 3. Ordnung
1965. 15 Seiten – 8° – M 2,30

Heft 2 Prof. Dr. FRANZ RUNGE, Grignard und die nach ihm benannte Synthese
1966. 17 Seiten – 3 Abbildungen – 8° – M 2,30

Heft 3 Prof. Dr. KARL SCHMALFUSS, Zur Kenntnis der Bodenbildung
1966. 13 Seiten – 4 Tabellen – 8° – M 1,40

Heft 4 Dr. BODO RENSCHUCH, Verallgemeinerungen des Bezoutschen Satzes
1966. 41 Seiten — 8° – M 4,50

Heft 5 Prof. Dr. med. ROLF EMMRICH, Realität und Theorie des Alterns
1966. 20 Seiten – 9 Abbildungen – 8° – M 2,60

Heft 6 Prof. Dr. WILHELM MAIER, Nichteuklidische Volumina
1967. 20 Seiten – 16 Abbildungen – 8° – M 2,80

Heft 7 Dr. LOTHAR VON WOLFERSDORF, Zur Berechnung optimaler Strategien für Spiele über dem Einheitsquadrat mit an der Hauptdiagonalen unstetigen Auszahlungsfunktionen
1968. 53 Seiten – 8° – M 5,70

Band 108

Heft 1 Prof. Dr. PAUL GÖRLICH / Dipl. Phys. DETLEF GÜLDNER / Dr. HANS-JOACHIM POHL, „Elektronische Spektralmessung" mit steuerbaren Photovervielfachern
1967. 12 Seiten – 9 Abbildungen – 1 Tabelle – 8° – M 2,10

Heft 2 Prof. Dr. MANFRED GERSCH, Neuroendokrinologie der Insekten
1968. 33 Seiten – 12 Abbildungen – 1 Kunstdrucktafel – 8° – M 4,–

Heft 3 Prof. Dr. HASSO ESSBACH, Die Bedeutung der Morphologie in der Heilkunde
1968. 16 Seiten – 1 Textabb. – 13 Abb auf 8 Kunstdrucktaf., davon 11 vierfarbig – 8° – M 12,80

Heft 4 Prof. Dr. OTT-HEINRICH KELLER, Über eine Definition von S. Lefschetz in der topologischen Schnitttheorie 1969. 29 Seiten – 1 Abb. – 8° – M 4 20

Heft 5 Prof. Dr. WOLFGANG TUTSCHKE, Das Reziprozitätstheorem für eine Klasse pseudoholomorpher Funktionen mehrerer komplexer Variabler 1969. 19 Seiten – 8° – M 3,30

Heft 6 Prof. Dr. WALTER BREDNOW, Von Lavater zu Darwin
1969. 31 Seiten – 14 Abbildungen im Anhang – 8° – M 5,50

Heft 7 Prof. Dr FRANZ RUNGE, Organische Disulfimide in Wissenschaft und Technik
1970. 24 Seiten – 2 Abbildungen – 8° – M 3,60

Band 109

Heft 1 Prof. Dr. ERICH RAMMLER, Über die Theorien der Braunkohlenbrikettentstehung
1970. 38 Seiten – 13 Abb., davon 2 auf 2 Tafeln – 8° – M 4,–

Heft 2 Prof. Dr. WOLFGANG TUTSCHKE, Stammfunktionen komplexwertiger Funktionen
1970. 20 Seiten – 8° – M 3,70

Heft 3 Dr habil. GÜNTHER EISENREICH, Zur Syzygientheorie und Theorie des inversen Systems perfekter Ideale und Vektormodule in Polynomringen und Stellenringen
1970. 88 Seiten – 8° – M 10,80

Heft 4 Prof. Dr. med. ROLF EMMRICH, Hochdruck und Hyperlipidämie (Hypercholesterinämie) als Risikofaktoren für die Entstehung der Arteriosklerosen
1971 23 Seiten – 10 Abbildungen – 4 Tabellen – 8° – M 3,90

Heft 5 Prof. Dr HANS DRISCHEL, Biologische Rhythmen
1972. 57 Seiten – 31 Abbildungen – 1 Tabelle – 8° – M 6,60 (*vergriffen*)

Heft 6 Prof. Dr.-Ing. Dr h. c. KURT SCHWABE, Konzentrierte Elektrolytlösungen – Thermodynamische und kinetische Eigenschaften
1972. 49 Seiten – 27 Abbildungen – 2 Tabellen – 8° – M 7,50

Heft 7 Prof. Dr. WOLFGANG TUTSCHKE, Konstruktion von globalen Lösungen mit vorgeschriebenen Singularitäten bei partiellen komplexen Differentialgleichungssystemen
1972. 24 Seiten – 8° – M 4,50

FSC
www.fsc.org
MIX
Papier | Fördert gute Waldnutzung
FSC® C083411

Zeitfracht Medien GmbH
Ferdinand-Jühlke-Straße 7
99095 Erfurt, Deutschland
produktsicherheit@kolibri360.de